Claus-Christian Timmermann

Lichtwellenleiter

W0258212

**Aus dem Programm
Nachrichtentechnik**

Lichtwellenleiter

Wellenausbreitung in Glasfasern und
Hohlleitern
von Claus-Christian Timmermann

Ergänzende Literatur

Berkeley Physik Kurs
Band 3   Schwingungen und Wellen,
von F. Crawford

Nichtlineare Wellen in dispersiven Medien,
von V. Karpmann

Einführung in die Grundlagen der theoretischen Physik
Band 2   Elektrodynamik, von G. Ludwig

Vieweg

Claus-Christian Timmermann

Lichtwellenleiter

Wellenausbreitung in Glasfasern
und Hohlleitern

Mit 57 Bildern und 40 gelösten Aufgaben

Friedr. Vieweg & Sohn   Braunschweig/Wiesbaden

CIP-Kurztitelaufnahme der Deutschen Bibliothek

Timmermann, Claus-Christian:
Lichtwellenleiter: Wellenausbreitung in Glasfasern
u. Hohlleitern; mit 57 Bildern u. 40 gelösten
Aufgaben/Claus-Christian Timmermann. —
Braunschweig, Wiesbaden: Vieweg, 1981.

ISBN-13: 978-3-528-03341-5   e-ISBN-13: 978-3-322-84215-2

DOI: 10.1007/978-3-322-84215-2

1981

Alle Rechte vorbehalten
© Friedr. Vieweg & Sohn Verlagsgesellschaft mbH, Braunschweig 1981
Softcover reprint of the hardcover 1st edition 1981

Die Vervielfältigung und Übertragung einzelner Textabschnitte, Zeichnungen oder Bilder, auch
für Zwecke der Unterrichtsgestaltung, gestattet das Urheberrecht nur, wenn sie mit dem Verlag
vorher vereinbart wurden. Im Einzelfall muß über die Zahlung einer Gebühr für die Nutzung
fremden geistigen Eigentums entschieden werden. Das gilt für die Vervielfältigung durch alle
Verfahren einschließlich Speicherung und jede Übertragung auf Papier, Transparente, Filme,
Bänder, Platten und andere Medien.

Umschlaggestaltung: Peter Neitzke, Köln

Vorwort

Nachdem es in den letzten Jahren gelungen ist, Halbleiterlaser und LEDs mit
hinreichend langer Lebensdauer und Glasfaserkabel mit Dämpfungswerten von
Bruchteilen eines Dezibels pro Kilometer zu entwickeln, ist nun die Nachrichtenübertragung über Lichtwellenleiter vielerorts schon zur Realität
geworden. Zahlreiche Systeme sind im zuverlässigen Einsatz, und man plant
schon die Obertragungsstrecken der zweiten Generation, bei denen Repeater-
abstände bis zu 100 km möglich erscheinen. Wenn auch die zukünftige
Entwicklung und Bedeutung der Nachrichtenübertragung über Lichtwellenleiter
nicht mit Bestimmtheit vorhergesagt werden kann, so läßt sich aber zu -
mindest doch vermuten, daß der Ingenieur der Elektrotechnik in Zukunft
vielfach mit dieser Technik konfrontiert werden wird. Während die klassi-
sche Hochfrequenztechnik im Bereich der cm- und mm- Wellen immer relativ
wenigen Spezialisten vorbehalten blieb, so wird nun die Lichtwellenleiter-
technik dem in der Nachrichtentechnik, Datenverarbeitung, Regelungstechnik
oder Energietechnik tätigen Ingenieur begegnen. Dabei genügt in vielen Fällen sicherlich nicht mehr die Vorstellung von einem "dielektrischen Klin-
geldraht", denn praktische Fragen wie Störabstand und Linearität einer
Lichtwellenleiterstrecke lassen sich ohne hinreichende wellenoptische
Kenntnisse einfach nicht beurteilen.

Aus diesem Grunde ergibt sich eine gewisse Notwendigkeit, in Zukunft einen
breiteren Kreis von Elektrotechnikern zumindest mit den Grundlagen dieser
Technik vertraut zu machen. Dabei bietet sich nun die Möglichkeit an, im
Rahmen der bisherigen Veranstaltungen, in denen die Hohlleiter behandelt
wurden, nun zusätzlich und unter Verzicht auf andere Kapitel aus dem Bereich der Höchstfrequenztechnik auf die Lichtwellenleiter einzugehen.

Der vorliegende Text ist entsprechend als studienbegleitendes Buch für
Vorlesungen über Wellenausbreitung in Hohlleitern und insbesondere in Glasfasern gedacht. Da das Gebiet der elektromagnetischen Wellen bei Studenten
erfahrungsgemäß einige Verständnisschwierigkeiten aufwirft, ist hier eine
Darstellung gewählt, die zunächst sehr einfach gehalten ist und auf möglichst wenigen Vorkenntnissen aufbaut. Am Beispiel ebener Wellen werden
die wichtigsten Begriffe elektromagnetischer Felder eingeführt. Aus di-

daktischen Gründen und wegen der allgemeinen Bedeutung der Hohlleiter steht den Betrachtungen zu Lichtwellenleitern, die 3/4 des Raumes einnehmen, ein vorbereitendes Kapitel über Hohlleiter voran. Dabei ergeben sich gute Möglichkeiten, Gemeinsamkeiten und Unterschiede zwischen Hohlleitern und Glasfasern herauszuarbeiten. Das Kapitel der Lichtwellenleiter beginnt mit der bei Hohlleitern nicht vorkommenden Materialdispersion und mit einem Abschnitt über Reflexion ebener Wellen an Grenzschichten. Nahtlos fügt sich dann die Berechnung der einwelligen Faser mit den exakten und genäherten Wellen den Betrachtungen im Rundhohlleiter an, wobei nun zusätzlich das dispersive Material berücksichtigt wird. Die Berechnung der vielwelligen Fasern wird dann mit der WKB-Methode eingeleitet, die relativ unbekannt ist und hier etwas ausführlicher besprochen wird. Diese Methode stellt auch gleichzeitig eine Verbindung zur geometrischen Optik her und vertieft auf diese Weise das Verständnis. Abschließend kommen die Lichteinkopplung, Dämpfung und technische Ausführungsformen zur Sprache. Um den Text übersichtlich zu gestalten, wurden einige Detailfragen und viele praktische Probleme in etwa 40 Übungsaufgaben verlagert, für die die vollständige Lösung angegeben ist. Dem Leser wird unbedingt empfohlen, diese Aufgaben selbstständig zu lösen; die Lösungen sollen nur zur Kontrolle herangezogen werden.

Weite Teile dieses Textes und der Übungsaufgaben sind aus einer entsprechenden Vorlesung hervorgegangen, wie sie an der Fachhochschule für Technik in Mannheim für Studierende der Nachrichtentechnik gehalten wird. Nach dem Buch "Optische Nachrichtentechnik" von Unger, das 1976 als erstes und bislang einziges deutschsprachiges Buch zu diesem Thema erschienen ist, liegt nun ein neuerer Text vor, der auf die Bedürfnisse von Studenten und in der Praxis stehenden Ingenieuren zugeschnitten ist, die sich in dieses neue Gebiet der Technik einarbeiten wollen.

An dieser Stelle sei Herrn Dr. K. Petermann vom Forschungsinstitut der AEG-Telefunken in Ulm für die kritische Durchsicht des Textes und viele wertvolle Hinweise gedankt. Zu Dank bin ich außerdem dem Verlag für die freundliche Zusammenarbeit und das Entgegenkommen bei der Anfertigung der Bildvorlagen verpflichtet.

Mannheim, im Oktober 1980   C.C. Timmermann

Inhaltsverzeichnis

1. Grundbegriffe elektromagnetischer Felder

1.1 Maxwellsche Gleichungen   1

1.2 Die Wellengleichung   3

1.3 Ebene Wellen
     1.3.1 Lösung der Wellengleichung   5
     1.3.2 Phasengeschwindigkeit und Gruppengeschwindigkeit   6
     1.3.3 Wellenwiderstand und Poyntingvektor   9
     1.3.4 Polarisation ebener Wellen   11

1.4 Aufgaben   13

2. Wellen in Hohlleitern

2.1 Rechteckhohlleiter   14
     2.1.1 Separation der Wellengleichung   14
     2.1.2 Die Felder von H- und E-Wellen   18
     2.1.3 Phasenkonstante, Gruppengeschwindigkeit, Dispersion   25
     2.1.4 Quasioptische Betrachtungen   27
     2.1.5 Dämpfung im Rechteckhohlleiter   30

2.2 Rundhohlleiter   31
     2.2.1 Lösung der Wellengleichung   32
     2.2.2 Berechnung der transversalen Feldkomponenten   35
     2.2.3 Felder und Phasenkonstante   36
     2.2.4 Dämpfung im Rundhohlleiter   39

2.3 Einkopplung in Hohlleiter   40

2.4 Anwendungen   41

2.5 Aufgaben   41

3. Lichtwellenleiter

3.1 Der Aufbau von Lichtwellenleitern   43

3.2 Reflexion ebener Wellen an Grenzschichten   46

3.3 Materialdispersion ebener Wellen   53

3.4 Lichtleitfasern mit wenigen Wellen   59
     3.4.1 Modell der Stufenprofilfaser   59
     3.4.2 Exakte Lösung u. Näherung mit lin. polaris. Wellen   59
     3.4.3 Dispersion bei einwelliger Stufenprofilfaser   67
     3.4.4 Pulsverzerrung bei einwelliger Faser   71
     3.4.5 Vielwellige Stufenprofilfaser   75

3.5 Vielwellige Lichtleitfasern
     3.5.1 Allgemeines   76
     3.5.2 Skalare Wellengleichung   78
     3.5.3 WKB-Methode   80
     3.5.4 Profilbedingung für minimale Laufzeitstreuung   84
     3.5.5 Profilbestimmung   90
     3.5.6 Laufzeitstreuung bei Abweichungen v. optim. Profil   92
     3.5.7 Dispersionseinflüsse bei Gradientenfasern   96
     3.5.8 Pulsverbreiterung   98

3.6 Geometrisch-optische Betrachtungen   101

3.7 Lichteinkopplung in Glasfasern   107

3.8 Dämpfung   116

3.9 Technische Ausführungsformen
     3.9.1 Einwellige Faser   119
     3.9.2 Vielwellige Fasern   122

3.10 Anwendungen   125

3.11 Aufgaben   126

Lösungen der Übungsaufgaben   132

Literaturhinweise   165

Verzeichnis der wichtigsten Formelzeichen   166

Sachwortverzeichnis   169

1 Grundbegriffe elektromagnetischer Felder

1.1 Maxwellsche Gleichungen

Man ist es gewohnt, die Ausbreitung elektromagnetischer Wellen mit Hilfe
der Maxwellschen Gleichungen zu beschreiben. In integraler Form lauten diese

$$\oint_{\text{Rand von A}} \vec{H}\, d\vec{\ell} = \iint_A (\vec{S} + \dot{\vec{D}})\, d\vec{A} \qquad \text{und} \qquad (1.1)$$

$$\oint_{\text{Rand von A}} \vec{E}\, d\vec{\ell} = - \frac{d}{dt} \iint_A \vec{B}\, d\vec{A}, \qquad (1.2)$$

wobei $\vec{E}$ der elektrische und $\vec{H}$ der magnetische Feldstärkevektor sind. Die
Gleichungen (1.1) und (1.2) werden durch Materialgleichungen für die Strom-
dichte $\vec{S}$, die dielektrische Verschiebung $\vec{D}$ und die Induktion $\vec{B}$ ergänzt.
Hier sollen nur Stoffe mit linearen Eigenschaften behandelt werden. Dann
gilt

$$\vec{S} = \sigma \vec{E} \quad (1.3) \qquad \vec{D} = \varepsilon \vec{E} \quad (1.4) \qquad \vec{B} = \mu \vec{H}, \quad (1.5)$$

wobei für isotrope Stoffe (richtungsunabhängige Eigenschaften) die Pro-
portionalitätskonstanten σ, ε und μ skalare Größen sind. Im vorliegenden
Fall ist σ die Leitfähigkeit; außerdem gilt

$$\varepsilon = \varepsilon_0 \varepsilon_r \qquad\qquad \mu = \mu_0 \mu_r \qquad\qquad (1.6)$$

mit ε_0 als Influenzkonstante, ε_r als relative Dielektrizitätszahl, μ_0 als
Induktionskonstante und μ_r als relative Permeabilität.

Setzt man die Materialgleichungen in (1.1) und (1.2) ein, erhält man

$$\oint \vec{H}\, d\vec{\ell} = \varepsilon \frac{d}{dt} \iint \vec{E}\, d\vec{A} + \iint \vec{S}\, d\vec{A} \qquad (1.7)$$

$$\oint \vec{E}\, d\vec{\ell} = -\mu \frac{d}{dt} \iint \vec{H}\, d\vec{A} . \qquad (1.8)$$

Dabei ist vorausgesetzt, daß ε_r und μ_r homogen verteilt sind. Der erste Summand in (1.7) stellt den Verschiebungsstrom, der zweite Summand den Leitungsstrom dar. Bei zeitunabhängigen Vorgängen mit $d/dt = 0$ reduziert sich (1.7) zum Durchflutungsgesetz. Aus (1.8) erhält man in diesem Fall das Kirchhoffsche Gesetz $\oint \vec{E}\, d\vec{\ell} = 0$.

An dieser Stelle sei angemerkt, daß die relative Dielektrizitätszahl bei Glasfasern oft inhomogen verteilt und damit eine Funktion des Ortes ist. Die Gleichungen (1.7) und (1.8) gelten dann bereits nicht mehr. Auf diese Frage gehen wir in einem späteren Kapitel noch einmal ein.

Die Gleichungen (1.7) und (1.8) stellen ein kompliziertes System zweier Integralgleichungen für die gesuchten Vektoren $\vec{E}$ und $\vec{H}$ dar, deren Lösung wir nun nicht weiter verfolgen wollen. Stattdessen schreiben wir die Maxwellschen Gleichungen in der differentiellen Form

$$\mathrm{rot}\ \vec{E} = -\mu\, \frac{\partial \vec{H}}{\partial t} \qquad (1.9) \qquad\qquad \mathrm{rot}\ \vec{H} = \varepsilon\, \frac{\partial \vec{E}}{\partial t} + \vec{S}\ . \qquad (1.10)$$

Dabei ist die Rotation ein Differentialoperator, in kartesischen Koordinaten definiert durch ($\vec{e}$ = Einheitsvektor)

$$\mathrm{rot}\ \vec{a} = \begin{vmatrix} e_x & e_y & e_z \\ \dfrac{\partial}{\partial x} & \dfrac{\partial}{\partial y} & \dfrac{\partial}{\partial z} \\ a_x & a_y & a_z \end{vmatrix} = \begin{pmatrix} \dfrac{\partial a_z}{\partial y} - \dfrac{\partial a_y}{\partial z} \\ \dfrac{\partial a_x}{\partial z} - \dfrac{\partial a_z}{\partial x} \\ \dfrac{\partial a_y}{\partial x} - \dfrac{\partial a_x}{\partial y} \end{pmatrix} \qquad (1.11)$$

mit

$$\vec{a} = \begin{pmatrix} a_x(x,y,z) \\ a_y(x,y,z) \\ a_z(x,y,z) \end{pmatrix}$$

als Vektorfeld, auf das der Operator angewandt wird. $\mathrm{rot}\ \vec{a}$ ist wieder eine vektorielle Größe und gibt die Wirbel des Feldes $\vec{a}$ an. Als Beispiel wird ein stromdurchflossener Leiter betrachtet. Die magnetischen Feldlinien umschließen kreisförmig den Leiter. Im Falle von Gleichstrom ($\partial/\partial t = 0$) gibt nach (1.10) der Stromdichtevektor $\vec{S}$ direkt die Wirbel von $\vec{H}$ an.

Für die folgenden Betrachtungen soll zunächst angenommen werden, daß der Leitungsstrom verschwindet. Mit $\vec{S} = 0$ stellen die Gleichungen (1.9) und

(1.10) ein System von zwei Vektordifferentialgleichungen für die Vektoren $\vec{E}$ und $\vec{H}$ dar. Im nächsten Kapitel soll aus diesen beiden Gleichungen durch Einsetzen die Wellengleichung abgeleitet werden.

1.2 Die Wellengleichung

Wendet man in (1.10) auf beide Seiten den Rotationsoperator an, erhält man mit $\vec{S} = 0$ und homogener ε-Verteilung

$$\text{rot rot } \vec{H} = \varepsilon \text{ rot } \frac{\partial \vec{E}}{\partial t} = \varepsilon \frac{\partial}{\partial t} \text{ rot } \vec{E},$$

so daß mit (1.9)

$$\text{rot rot } \vec{H} = - \varepsilon\mu \frac{\partial^2 \vec{H}}{\partial t^2}$$

wird. Wie nun ohne nähere Erläuterung angegeben sei, gilt für den Operator rot rot in diesem speziellen Fall homogener Stoffverteilung einfach

$$- \text{rot rot} = \left(\frac{\partial^2}{\partial x^2} + \frac{\partial^2}{\partial y^2} + \frac{\partial^2}{\partial z^2} \right) = \Delta , \qquad (1.12)$$

wobei Δ als Laplaceoperator bezeichnet wird. Mit rot rot $= - \Delta$ kann man obige Gleichung für das magnetische Feld $\vec{H}$ und aus Symmetriegründen in gleicher Weise für das elektrische Feld $\vec{E}$ in der Form

$$\Delta \vec{H} = \mu\varepsilon \frac{\partial^2 \vec{H}}{\partial t^2} \qquad \text{und} \qquad \Delta \vec{E} = \mu\varepsilon \frac{\partial^2 \vec{E}}{\partial t^2} \qquad (1.13)$$

schreiben. Die Gleichungen (1.13) bezeichnet man als Wellengleichungen. Es handelt sich dabei jeweils um drei partielle Differentialgleichungen für die x-, y-, und z-Komponenten der Vektoren

$$\vec{E} = \begin{pmatrix} E_x(x,y,z,t) \\ E_y(x,y,z,t) \\ E_z(x,y,z,t) \end{pmatrix} \quad ; \quad \vec{H} \text{ analog.}$$

Anstelle einer Vektorwellengleichung für $\vec{E}$ kann man auch drei getrennte Wellengleichungen für die Komponenten $E_{x,y,z}$ schreiben, indem man die Gleichungen (1.13) zeilenweise liest. In allen folgenden Betrachtungen

wird aber die kompakte vektorielle Schreibweise benutzt. Die Gleichungen
(1.13) sollen nun für den Fall harmonischer Zeitabhängigkeit vereinfacht
werden.

In elektrischen Schaltungen mit harmonischer Anregung kann eine Schwingung
$u(t) = \sqrt{2}\, U \cos(\omega t + \alpha)$ auch in der völlig gleichwertigen Form

$$u(t) = \sqrt{2}\, U \; \mathrm{Re}\, (\, e^{j(\omega t + \alpha)}\,) \; = \sqrt{2}\; \mathrm{Re}\, (\, \underline{U}\, e^{j\omega t}\,)$$

geschrieben werden, wobei U der Effektivwert der Schwingung ist. Der Pha-
sor (Zeiger) $\underline{U} = U \exp(j\alpha)$ gibt mit seiner Länge $|\underline{U}|$ gerade den
Effektivwert der Schwingung an.

Im vorliegenden Fall wird nun analog verfahren. Für das elektrische Feld
und ganz entsprechend auch für das magnetische Feld wählen wir den Ansatz

$$\vec{E}\,(x,y,z,t) = \sqrt{2}\, \mathrm{Re}\, \{\, \underline{\vec{E}}\,(x,y,z)\, e^{j\omega t}\,\}\;. \qquad (1.14)$$

An die Stelle des skalaren Phasors $\underline{U}$ tritt jetzt ein Phasor $\underline{\vec{E}}$, der aus den
drei Komponenten $\underline{E}_{x,y,z}$ besteht, die jede für sich eine andere Ortsabhängigkeit aufweisen:

$$\underline{\vec{E}} = \begin{pmatrix} \underline{E}_x(x,y,z) \\ \underline{E}_y(x,y,z) \\ \underline{E}_z(x,y,z) \end{pmatrix} \qquad ; \qquad \underline{\vec{H}} \;\; \text{analog.}$$

Der Ansatz (1.14) reduziert mit $\partial^2\vec{E}/\partial t^2 = -\omega^2\vec{E}$ die Wellengleichung auf

$$\Delta\,\underline{\vec{E}} + \omega^2\mu\varepsilon\,\underline{\vec{E}} = 0 \quad \text{bzw.} \quad \Delta\,\underline{\vec{H}} + \omega^2\mu\varepsilon\,\underline{\vec{H}} = 0\;. \qquad (1.15)$$

Die Gleichungen (1.15) sind die Wellengleichungen für den eingeschwungenen
Zustand. Die Maxwellschen Gleichungen (1.9) und (1.10) lauten, wenn man
entsprechend dem Ansatz (1.14) für die Ableitung nach der Zeit $\partial/\partial t = j\omega$
setzt,

$$\mathrm{rot}\,\underline{\vec{E}} = -\,j\omega\mu\,\underline{\vec{H}} \quad (1.16) \qquad \mathrm{rot}\,\underline{\vec{H}} = j\omega\varepsilon\,\underline{\vec{E}}\;. \qquad (1.17)$$

Nach Aufgabe 1.1 können in diesen Gleichungen noch nachträglich dielektrische Verluste oder eine spezifische Leitfähigkeit σ durch eine komplexe
Dielektrizitätszahl $\underline{\varepsilon}$ berücksichtigt werden.

In den folgenden Kapiteln werden wir versuchen, für bestimmte Anordnungen
Lösungen der Wellengleichung zu finden. Die Gleichungen (1.16) und (1.17)
sind dabei gegebenenfalls hinzuzuziehen.

1.3 Ebene Wellen
1.3.1 Lösung der Wellengleichung

Jetzt soll angenommen werden, daß sich Wellen in z-Richtung ausbreiten,
bei denen die Felder unabhängig von den transversalen Koordinaten x,y
sind. Die Phasoren $\vec{\underline{E}}$ und $\vec{\underline{H}}$ hängen damit nur von z ab. Mit $\partial/\partial x$, $\partial/\partial y = 0$
vereinfachen sich die Maxwellschen Gleichungen (1.16) und (1.17) mit
(1.11) zu

$$\vec{\underline{H}}\,(z) = \frac{-1}{j\omega\mu}\ \mathrm{rot}\ \vec{\underline{E}}\ =\ \frac{1}{j\omega\mu}\ \begin{pmatrix} \partial\underline{E}_y/\partial z \\ -\partial\underline{E}_x/\partial z \\ 0 \end{pmatrix} \qquad (1.18)$$

und

$$\vec{\underline{E}}\,(z) = \frac{1}{j\omega\varepsilon}\ \mathrm{rot}\ \vec{\underline{H}}\ =\ \frac{1}{j\omega\varepsilon}\ \begin{pmatrix} -\partial\underline{H}_y/\partial z \\ \partial\underline{H}_x/\partial z \\ 0 \end{pmatrix}\ . \qquad (1.19)$$

Die Wellengleichung (1.15) reduziert sich mit Δ nach (1.12), wobei die Ableitungen nach x und y verschwinden, auf

$$\partial^2\vec{\underline{E}}\,/\partial z^2 + \omega^2\mu\varepsilon\ \vec{\underline{E}}\,(z) = 0\ ;\ \text{für}\ \vec{\underline{H}}\ \text{analog.} \qquad (1.20)$$

Gesucht ist die Lösung

$$\vec{\underline{E}}\,(z) = \begin{pmatrix} \underline{E}_x\,(z) \\ \underline{E}_y\,(z) \\ \underline{E}_z\,(z) \end{pmatrix}\ . \qquad (1.21)$$

Zur Lösung von (1.20) bietet sich der Exponentialansatz (für $\vec{\underline{H}}$ analog)

$$\vec{\underline{E}}\,(z) = \vec{\underline{E}}_0\ e^{\pm j\beta z}\quad \text{mit}\quad \vec{\underline{E}}_0 = \begin{pmatrix} \underline{E}_{0x} \\ \underline{E}_{0y} \\ \underline{E}_{0z} \end{pmatrix} \qquad (1.22)$$

an, wobei β eine Konstante ist. Mit $\partial^2\vec{\underline{E}}\,/\partial z^2 = -\beta^2\vec{\underline{E}}$ erhält man in (1.20)

$$-\beta^2\ \vec{\underline{E}}\ +\ \omega^2\mu\varepsilon\ \vec{\underline{E}}\ =\ 0.$$

Diese Gleichung wird gerade dann erfüllt, wenn die Konstante β zu

$$\beta = \omega \sqrt{\mu\epsilon} \tag{1.23}$$

gewählt wird. Die Größe β bezeichnet man als Ausbreitungskonstante oder Phasenkonstante. Für ebene Wellen, wie sie hier behandelt werden, be - rechnet sich β nach obiger Gleichung. Für Wellen in Hohlleitern oder Glasfasern ergibt sich ein völlig anderer Ausdruck. Im übrigen sind in (1.22) noch komplexe vektorielle Konstanten $\vec{\underline{E}}_0$ und $\vec{\underline{H}}_0$ vorgesehen, die in ihren Beträgen und Phasenwinkeln Angaben über Leistung und Polarisation der Welle enthalten. Bevor auf diese Fragen eingegangen wird, soll zunächst unter - sucht werden, mit welcher Geschwindigkeit die Welle im Stoff wandert.

1.3.2 Phasen- und Gruppengeschwindigkeit

Setzt man die Lösung (1.22) für ebene Wellen in den allgemeinen Ansatz (1.14) ein, erhält man (für $\vec{H}$ analog)

$$\vec{E}(z,t) = \sqrt{2}\ \mathrm{Re}\ \{\ \vec{\underline{E}}_0\ e^{\ j(\omega t\ \pm\beta z)}\ \}\ . \tag{1.24}$$

Wir schreiben nun die Konstante in der Form

$$\vec{\underline{E}}_0 = \begin{pmatrix} \underline{E}_{ox} \\ \underline{E}_{oy} \\ \underline{E}_{oz} \end{pmatrix} = \begin{pmatrix} E_{ox}\ \exp(j\varphi_x) \\ E_{oy}\ \exp(j\varphi_y) \\ E_{oz}\ \exp(j\varphi_z) \end{pmatrix}\ , \tag{1.25}$$

bilden den Realteil und erhalten die Lösung

$$\vec{E}(z,t) = \sqrt{2}\ \cdot \begin{pmatrix} E_{ox}\ \cos(\ \omega t\ \pm\ \beta z\ +\varphi_x) \\ E_{oy}\ \cos(\ \omega t\ \pm\ \beta z\ +\varphi_y) \\ E_{oz}\ \cos(\ \omega t\ \pm\ \beta z\ +\varphi_z) \end{pmatrix}\ \ . \tag{1.26}$$

Mit negativem Vorzeichen in (1.26) existieren Wellen, die in +z-Richtung laufen, mit positivem Vorzeichen dagegen Wellen, die sich in -z-Richtung ausbreiten. Unter der Bedingung $\omega t - \beta z = 0$ ändert sich die Phase der vorlaufenden Welle nicht. Die Geschwindigkeit v der Phasenfront ergibt sich aus dieser Bedingung dann mit $v=z/t$ zu

$$v = \omega\ /\ \beta\ . \tag{1.27}$$

Das Verhältnis ω/β bezeichnet man ganz allgemein als Phasengeschwindigkeit. Hier wurde diese Größe am Beispiel ebener Wellen eingeführt. Aber auch bei

anderen Wellenleitern gilt (1.27), da dort das elektrische Feld dieselbe
Abhängigkeit von z und t aufweist, wie sie durch (1.26) beschrieben wird.
Nur hängen im allgemeineren Fall, wie sich später zeigen wird, die Fakto -
ren $E_{ox,y,z}$ noch von x und y ab. Außerdem ergibt sich für β nicht die einfache Beziehung (1.23).

Bei ebenen Wellen bestimmt sich die Phasengeschwindigkeit mit (1.23) und
(1.27) zu

$$v = \frac{1}{\sqrt{\mu\varepsilon}} = \frac{c_o}{\sqrt{\mu_r\varepsilon_r}} \qquad\qquad (1.28)$$

mit $c_o = 1/\sqrt{\mu_o\varepsilon_o}$ als Lichtgeschwindigkeit in Vakuum. Die Phasengeschwindigkeit ebener Wellen ist demnach stets kleiner oder gleich c_o, sofern μ_r und
ε_r größer als eins sind. Bei Wellenleitern kann dagegen auch ohne diese
Einschränkung $v > c_o$ sein. Im nächsten Schritt soll nun die Frage untersucht werden, mit welcher Geschwindigkeit die Energie der Welle wandert.

In der Praxis gibt ein Oszillator nie eine absolut monofrequente Schwingung
ab. Es entsteht vielmehr immer eine Oberlagerung von verschiedenen Spektral-
anteilen. Hier sollen einfach zwei Wellen mit unterschiedlichen Frequenzen
$\omega_{1,2}$ und unterschiedlichen Phasenkonstanten $\beta_{1,2}$ angenommen und überlagert
werden. Das elektrische Feld wollen wir in der Form $\vec{E} = (E_x , 0 , 0)$
ansetzen. Die x-Komponente lautet dann im einfachsten Fall

$$E_x (z,t) = \hat{E} \{ \cos(\omega_1 t - \beta_1 z) + \cos(\omega_2 t - \beta_2 z) \} ,$$

oder nach Anwendung der Additionstheoreme

$$E_x (z,t) = 2 \hat{E} \cdot \cos \{\frac{\omega_1 - \omega_2}{2}t - \frac{\beta_1 - \beta_2}{2} z\} \cdot \cos \{\frac{\omega_1 + \omega_2}{2} t - \frac{\beta_1 + \beta_2}{2} z\} .$$

Der erste cos-Term beschreibt die Ausbreitung der Einhüllenden der ent -
stehenden Schwebung. Die Geschwindigkeit z/t der Einhüllenden entspricht
gerade der Geschwindigkeit, mit der sich die Energie ausbreitet. Das Maximum der Einhüllenden erfaßt man, wenn der cos-Term eins oder das Argument
null wird:

$$\frac{\omega_1 - \omega_2}{2} t - \frac{\beta_1 - \beta_2}{2} z = 0.$$

Die Wellengruppe läuft nun mit der Geschwindigkeit $v_g = z / t =$
$(\omega_1 - \omega_2)/(\beta_1 - \beta_2)$. Für $\omega_2 \rightarrow \omega_1$ geht der Differenzenquotient in den
Differentialquotienten über. Die Gruppengeschwindigkeit lautet daher ganz
allgemein

$$v_g = \frac{d\omega}{d\beta} = \frac{1}{d\beta/d\omega} . \qquad (1.29)$$

Der zweite cos-Faktor enthält die hochfrequente Schwingung. Die Phase die-
ser Schwingung ist mit der Phasengeschwindigkeit $(\omega_1 + \omega_2)/(\beta_1 + \beta_2)$
verknüpft. Für $\omega_2 \rightarrow \omega_1 = \omega$ erhält man wieder die Beziehung (1.27).

Neben der Gruppengeschwindigkeit wird noch der Begriff der Gruppenlaufzeit

$$\tau = \frac{L}{v_g} \qquad (1.30)$$

benutzt, wobei L die Länge des Ausbreitungsweges in z-Richtung ist.

Zur Berechnung der Gruppengeschwindigkeit muß in (1.29) die Frequenzab -
hängigkeit $\beta(\omega)$ bekannt sein. Bislang ist dieser Zusammenhang nur für eine
ebene Welle berechnet worden. Mit (1.23) wird einfach $v_g = 1/\sqrt{\mu\epsilon} = v$, so
daß bei μ_r und ϵ_r gleich const. die Gruppengeschwindigkeit und Phasengeschwindigkeit gleich sind. Dies ändert sich, wenn kein linearer Zusam -
menhang zwischen β und ω besteht. Die verschiedenen Spektralanteile in einem Wellengemisch laufen dann mit unterschiedlicher Gruppengeschwindigkeit.
Die Welle erfährt dann eine Dispersion. Solche Verhältnisse liegen in der
Regel bei Hohlleitern und Glasfasern vor. Ein Eingangssignal,bestehend aus
vielen Spektralkomponenten, wird daher zum Beispiel beim Hohlleiter am
Ausgang verzerrt erscheinen. Bei Lichtwellen liegen im Prinzip ganz ähn -
liche Verhältnisse vor, nur entstehen die unterschiedlichen Spektralkomponenten oft weniger durch die Modulation der Lichtwelle. Die Modulations-
frequenz ist gegenüber der Frequenz der Lichtwelle oft verschwindend gering.
Die entscheidende Rolle spielt meist die Lichtwelle selbst, die aus einem
relativ breiten Gemisch unterschiedlicher Spektralanteile besteht. Auf diese Fragen wird aber noch ausführlicher in den späteren Kapiteln eingegangen
werden.

Nachdem nun die Ausbreitungsgeschwindigkeit berechnet wurde, werden in den
beiden folgenden Abschnitten die Felder ebener Wellen genauer untersucht.

1.3.3 Wellenwiderstand und Poyntingvektor

Für ebene Wellen ist die Abhängigkeit der elektrischen Feldstärke von z und t bereits bekannt. In der Lösung (1.24) und (1.26), die in entsprechender Form auch für $\vec{\underline{H}}$ (z,t) gilt, ist nur noch der Vorfaktor $\vec{\underline{E}}_0$ festzulegen. Durch geeignete Wahl dieses Faktors kann man die ebene Welle hinsichtlich der geführten Leistung und hinsichtlich der Orientierung der Komponenten (Polarisation) genau festlegen. Völlig unabhängig davon läßt sich für ebene Wellen mit Hilfe von (1.18) und (1.19) zunächst aber noch ein allgemeiner Zusammenhang zwischen $\vec{\underline{E}}$ und $\vec{\underline{H}}$ herleiten.

Aufgrund der allgemeinen z-Abhängigkeit $e^{\pm j\beta z}$ können wir für vorlaufende Wellen stets $\partial/\partial z = -j\beta$ setzen. Aus (1.18) lassen sich dann für gegebenes $\vec{\underline{E}}$ sofort die Komponenten des magnetischen Feldes bestimmen. Man erhält für vorlaufende Wellen

$$\underline{H}_x = \frac{1}{j\omega\mu} \frac{\partial \underline{E}_y}{\partial z} = \frac{-\beta}{\omega\mu} \underline{E}_y \tag{1.31}$$

$$\underline{H}_y = \frac{-1}{j\omega\mu} \frac{\partial \underline{E}_x}{\partial z} = \frac{\beta}{\omega\mu} \underline{E}_x \tag{1.32}$$

$$\underline{H}_z = \underline{E}_z = 0 \tag{1.33}$$

Dieses Ergebnis fassen wir in der Form $\vec{\underline{H}} = \frac{\beta}{\omega\mu} (-\underline{E}_y , \underline{E}_x , 0)$ zusammen. Das Skalarprodukt $\vec{\underline{E}} \cdot \vec{\underline{H}}$ ergibt nun, wie man leicht zeigen kann, immer den Wert null. Dies bedeutet aber, daß bei ebenen Wellen das elektrische Feld immer senkrecht auf dem magnetischen Feld steht. Da die z-Komponenten verschwinden, zeigen die Felder nur in transversale Richtung. Bei einer Welle, die in +z-Richtung läuft, bilden nach Bild 1 daher die Richtungen von $\vec{\underline{E}}$, $\vec{\underline{H}}$ und der z-Achse ein orthogonales Dreibein im Sinne einer Rechtsschraube.

Man definiert nun weiter einen Wellenwiderstand durch das Verhältnis

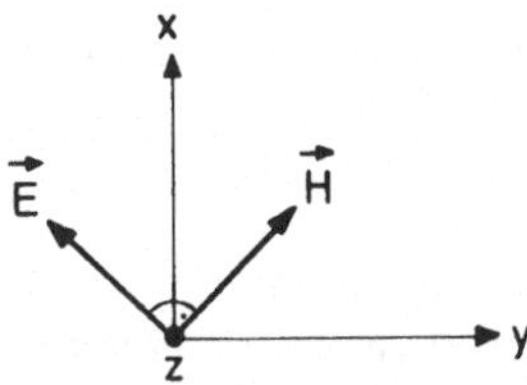

Bild 1 Feldstärkevektoren bei ebener Welle

$$Z = \underline{E}_x / \underline{H}_y = - \underline{E}_y / \underline{H}_x . \tag{1.34}$$

Bei ebenen Wellen finden wir mit (1.31) und (1.32) und β nach (1.23) für den Wellenwiderstand

$$ Z \;=\; \omega\mu/\beta \;=\; \sqrt{\mu/\varepsilon} \;. \tag{1.35}$$

In Vakuum erhält man den Wert $Z = \sqrt{\mu_0/\varepsilon_0} = 377\ \Omega$. Bei ebenen Wellen, aber auch bei Wellen in Hohlleitern, kann man über den Wellenwiderstand das transversale magnetische Feld durch das transversale elektrische Feld ausdrücken, nur wird beim Hohlleiter anstelle von (1.35) eine andere Beziehung gelten.

Im nächsten Schritt soll nun die Leistung festgelegt werden, die die Welle führt. Dazu definiert man in Analogie zur komplexen Scheinleistung $U \cdot I^*$ bei Wechselstromschaltungen jetzt den komplexen Poyntingvektor

$$ \vec{\underline{S}} \;=\; \vec{\underline{E}} \times \vec{\underline{H}}^* \;. \tag{1.36}$$

Der Vektor $\vec{\underline{S}}$ steht senkrecht auf $\vec{\underline{E}}$ und $\vec{\underline{H}}$ und gibt in Watt/cm^2 die in dieser Richtung geführte Wirk- und Blindleistungsdichte an. Die in z- Richtung geführte Wirkleistung pro cm^2 ist dann allgemein

$$ S_z \;=\; \mathrm{Re}\,(\,\underline{S}_z\,) \;=\; \mathrm{Re}\,(\,\vec{\underline{E}} \times \vec{\underline{H}}^*\,)_z \;. \tag{1.37}$$

Bei ebenen Wellen existieren keine z-Komponenten der Felder, denn es gilt

$$ \vec{\underline{E}} \;=\; \begin{pmatrix} \underline{E}_x \\ \underline{E}_y \\ 0 \end{pmatrix} \quad\text{und}\quad \vec{\underline{H}} \;=\; \begin{pmatrix} \underline{H}_x \\ \underline{H}_y \\ 0 \end{pmatrix} \;=\; \begin{pmatrix} -\underline{E}_y\,/\,Z \\ \underline{E}_x\,/\,Z \\ 0 \end{pmatrix} \;. \tag{1.38}$$

Bildet man in (1.37) mit $\vec{\underline{E}}$ und $\vec{\underline{H}}$ nach (1.38) die z-Komponente des Kreuzproduktes, ergibt sich ein reeller Ausdruck. Man erhält

$$ \vec{\underline{S}}_z \;=\; S_z \;=\; \frac{\underline{E}_x\underline{E}_x^* + \underline{E}_y\underline{E}_y^*}{Z} \;=\; \frac{|\underline{E}_x|^2 + |\underline{E}_y|^2}{Z} \;=\; (\,|\underline{H}_x|^2 + |\underline{H}_y|^2\,)\cdot Z \tag{1.39}$$

mit $Z = \sqrt{\mu/\varepsilon}$. Die übrigen Komponenten von $\vec{\underline{S}}$ sind null.

Eine ebene Welle, die sich in z- Richtung ausbreitet, hat also einen dazu gehörenden Poyntingvektor, der ebenfalls in diese Richtung zeigt und reell ist. Bei Wellen in Hohlleitern oder Glasfasern ist der Poyntingvektor gegen die z-Achse geneigt; außerdem besteht eine Abhängigkeit von den transversalen Koordinaten x und y.

Nachdem nun eine Möglichkeit angegeben wurde, die Leistungsdichte der Welle
mit Hilfe des Poyntingvektors auszudrücken, kann man jetzt umgekehrt für
vorgegebene Leistung das Betragsquadrat $|\underline{E}_{x,y}|^2 = |\underline{E}_{ox,y}|^2$ für (1.25) fest-
legen. Damit ist die Welle aber noch nicht eindeutig definiert, denn wir
müssen noch die Phasenwinkel in (1.25) angeben. Es gibt also durchaus verschiedene ebene Wellen mit gleicher Leistung, die sich nur durch ihre Polarisation voneinander unterscheiden. Einige wichtige Fälle werden jetzt
besprochen.

1.3.4 Polarisation ebener Wellen

Bei der allgemeinen Form einer ebenen Welle nach (1.24) kann zunächst über
die Phasen von $\underline{E}_{ox,y}$ frei verfügt werden. Nach (1.33) verschwindet $\underline{E}_{oz}$ bei
Ausbreitung in z-Richtung. Hier sollen nun zwei Spezialfälle behandelt wer-
den.

Im ersten Fall sollen $\underline{E}_{ox}$ und $\underline{E}_{oy}$ gleiche Phasen $\varphi_x = \varphi_y = \varphi$ aufweisen, so
daß

$$\underline{E}_{ox} = E_{ox}\, e^{j\varphi} \qquad \text{und} \qquad \underline{E}_{oy} = E_{oy}\, e^{j\varphi}$$

gilt. Dann nimmt die Lösung $\vec{E}(z,t)$ in (1.26) die einfache Form

$$\vec{E}(z,t) = \sqrt{2} \begin{pmatrix} E_{ox} \\ E_{oy} \\ 0 \end{pmatrix} \cos(\omega t - \beta z + \varphi) \qquad (1.40)$$

an. Nach Bild 2 schwingt der Feldstärkevektor
immer in einer Ebene in Richtung von α. Der
Richtung von $\vec{E}$ folgend ist definitionsgemäß die
Welle in Richtung von α linear polarisiert. Der
Betrag von $\vec{E}$ lautet nach (1.40)

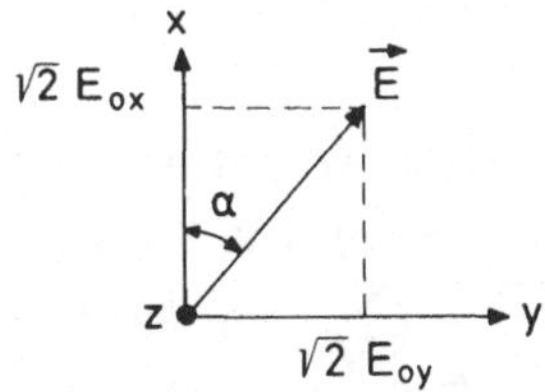

Bild 2 In Richtung von α linear
polarisierte ebene Welle

$$|\vec{E}| = \sqrt{2}\, \sqrt{E_{ox}^2 + E_{oy}^2}\, \cos(\omega t - \beta z + \varphi) \qquad (1.41)$$

mit $\sqrt{E_{ox}^2 + E_{oy}^2}$ als Effektivwert.

Im zweiten Fall sollen $\underline{E}_{ox}$ und $\underline{E}_{oy}$ in (1.25) eine Phasendifferenz von $\pm\ \pi/2$ aufweisen. Wir nehmen daher an

$$\underline{E}_{ox} = E_{ox}\ \exp\{j\varphi_x\} \qquad \text{und} \qquad \underline{E}_{oy} = E_{oy}\ \exp\{j(\varphi_x\pm\pi/2)\}$$

Mit $\varphi_y = \varphi_x \pm \pi/2$ nimmt (1.26) die Form

$$\vec{E}\ (z,t)\ =\ \sqrt{2}\ \begin{pmatrix} E_{ox}\ \cos\phi \\ \mp\ E_{oy}\ \sin\phi \\ 0 \end{pmatrix} \text{mit } \phi = \omega t - \beta z + \varphi_x \qquad (1.42)$$

an. Für $E_{ox,y}= E_0$ handelt es sich um eine zirkular polarisierte Welle. Der Betrag von $\vec{E}$ hängt dann nicht mehr von z und t ab. Es gilt dann einfach

$$\left|\vec{E}\ (z,t)\right| = \sqrt{2}\ E_0\ . \qquad (1.43)$$

Der Feldvektor $\vec{E}$ (z,t) mit der Länge $\sqrt{2} \cdot E_0$ zeigt dann in Richtung von $\phi(t,z)$. In einer Ebene z = const. beobachtet man einen rotierenden Feldstärkevektor. Bei einer Momentaufnahme beschreibt die Spitze von $\vec{E}$ längs z die Bahn einer Spirale. Bei elliptischer Polarisation ist $E_{ox} \neq E_{oy}$. Für $\varphi_x = 0$ sind die Verhältnisse in Bild 3 dargestellt. Die elliptische Polarisation stellt den allgemeineren Fall dar. Für $E_{ox} = E_{oy}$ liegt zirkulare Polarisation vor, für E_{ox} oder E_{oy} gleich null ist die Welle in y-Richtung beziehungsweise in x-Richtung linear polarisiert.

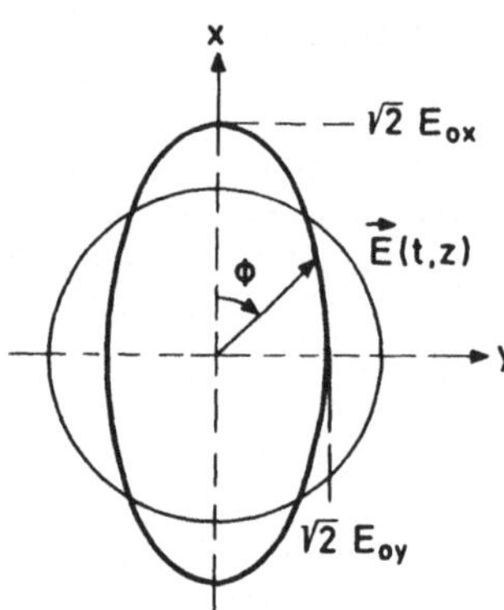

Bild 3 Zirkular und elliptisch polarisierte ebene Welle

Die zirkular polarisierte Welle führt im übrigen genau dann dieselbe Leistung wie die Welle mit linearer Polarisation, wenn der Effektivwert $\sqrt{E_{ox}^2 + E_{oy}^2}$ der Feldstärke bei linearer Polarisation mit dem konstanten Wert $\sqrt{2}\ E_0$ der Feldstärke bei zirkularer Polarisation übereinstimmt.

Die Frage der Polarisation elektromagnetischer Felder ist von großer Bedeutung. Im Zusammenhang mit der Wellenausbreitung in Glasfasern wird sich zeigen, daß die Reflexion ebener Wellen an Grenzschichten von der Polarisation der Welle abhängt.

1.4 Aufgaben

Aufg. 1.1 Zeigen Sie, daß man anstelle der allgemeineren Gleichung

$$\text{rot } \vec{\underline{H}} = j\omega\varepsilon_0\varepsilon_r \, \vec{\underline{E}} + \vec{\underline{S}} \quad \text{mit} \quad \text{rot } \vec{\underline{H}} = j\omega\varepsilon_0 \, \underline{\varepsilon} \, \vec{\underline{E}}$$

rechnen kann, wobei $\underline{\varepsilon}$ eine komplexe Dielektrizitätszahl ist.

Aufg. 1.2 Eine ebene Welle breitet sich in einem Stoff mit $\varepsilon_r=2$ und $\mu_r=1$ aus. Berechnen Sie für $f = 1$ GHz Phasenkonstante, Phasengeschwindigkeit, Gruppengeschwindigkeit und Wellenlänge. Wie ändern sich die Werte für Luft ($\varepsilon_r=1$)?

Aufg. 1.3 Die ebene Welle nach Aufgabe 1.2 breitet sich gemäß $\exp j(\omega t - \beta z)$ in z-Richtung aus. Zeichnen Sie für $t=0$ und $t=0.25$ ns den momentanen Feldstärkeverlauf längs z. Es sei

$$\vec{E} = (E_x, 0, 0) \quad \text{mit} \quad E_x(t=0, z=0) = \sqrt{2} \cdot E_0$$

als Feldstärkeamplitude.

Aufg. 1.4 Berechnen Sie für Aufgabe 1.3 den Wellenwiderstand und die durch eine 1 cm^2 große Fläche tretende Leistung für $E_0 = 10$ V/cm.

Aufg. 1.5 Geben Sie für eine ebene Welle in einem Medium mit $\varepsilon_r = 2$ und einem Poyntingvektor $\vec{\underline{S}} = S_z = 0{,}37$ W/cm^2 die Feldstärkevektoren an, wenn die Welle

a) linear polarisiert ist, wobei die Schwingungsebene mit der x-Achse einen Winkel von 30^0 bildet

b) zirkular polarisiert ist

c) elliptisch polarisiert ist, wobei die x- und y-Halbachsen im Verhältnis 2:1 stehen.

2 Wellen in Hohlleitern

Elektromagnetische Wellen, die einmal von einer Antenne abgestrahlt wurden, können im Gigahertzbereich oder erst recht im optischen Bereich in der Regel nur empfangen werden, wenn zwischen Sender und Empfänger Sichtverbindung besteht. Falls diese Voraussetzung nicht erfüllt ist, müssen die Wellen durch einen Wellenleiter geführt werden. Metallische Hohlleiter führen recht verlustarm cm- und mm-Wellen, während dielektrische Wellenleiter in Form von Glasfasern sich sehr gut für die leitergebundene Übertragung von Lichtwellen eignen. In diesem Kapitel soll die Wellenausbreitung im Hohlleiter am Beispiel des Rechteck- und Rundhohlleiters behandelt werden. Wegen der einfacheren mathematischen Behandlung beginnen wir mit dem Rechteckhohlleiter und führen die wichtigsten Begriffe der Wellenausbreitung auf Leitungen ein. Dann werden die entsprechenden Ergebnisse für den Rundhohlleiter abgeleitet. Bei dieser Gelegenheit werden die Rechnungen so durchgeführt, daß in Kapitel 3 bei der Behandlung der Glasfaser auf die hier gewonnenen Ergebnisse zurückgegriffen werden kann. Gerade weil die Verhältnisse bei dielektrischen Wellenleitern noch komplexer sind, ist ein Verständnis des metallischen Hohlleiters beinahe unabdingbar.

2.1   Rechteckhohlleiter
2.1.1 Separation der Wellengleichung

Bild 4 zeigt das Modell des betrachteten Rechteckhohlleiters. Die Seiten haben die Kantenlängen a und b, die Leitfähigkeit σ der Wände sei unendlich groß.

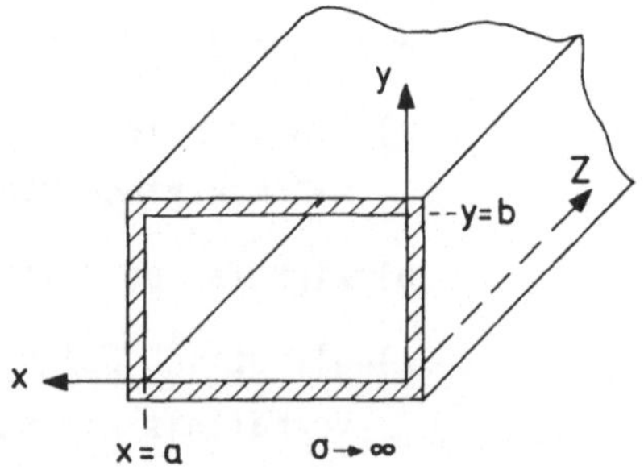

Bild 4 Rechteckhohlleiter mit Koordinatensystem

Bei ebenen Wellen, die sich in z-Richtung ausbreiten, zeigen das elektrische und magnetische Feld keine Abhängigkeit von den transversalen Koordinaten x und y. Diese Verhältnisse können hier schon deshalb nicht vorliegen, weil das tangentiale elektrische Feld wegen $\sigma \rightarrow \infty$ auf der Hohlleiterwand verschwinden muß. Das Feld ändert sich daher über dem Hohlleiterquerschnitt zumindest immer in einer Richtung. Auf die oben genannte Randbedingung auf der Hohlleiterwand kommen wir später noch zurück. Das vorliegende Problem bezeichnet man daher oft auch als Randwertproblem.

Zur Berechnung der Felder müssen wieder die Maxwellschen Gleichungen gelöst werden. Zunächst bietet sich hierbei keine Vereinfachungsmöglichkeit an. In der Praxis hat man es aber oft mit Wellen zu tun, für die entweder $E_z = 0$ oder $H_z = 0$ ist. Solche Wellen werden folgendermaßen bezeichnet:

<u>E-Wellen</u> $\vec{E} \neq 0$, $\vec{H} = (H_x, H_y, 0)$

Bei E-Wellen zeigt das magnetische Feld nur in transversale Richtung; daher werden E-Wellen auch <u>TM-Wellen</u> genannt.

<u>H-Wellen</u> $\vec{H} \neq 0$, $\vec{E} = (E_x, E_y, 0)$

Bei H-Wellen zeigt das elektrische Feld nur in transversale Richtung; daher werden H-Wellen auch <u>TE-Wellen</u> genannt.

Bei ebenen Wellen gilt gleichzeitig $E_z = 0$ und $H_z = 0$. Eine solche Welle bezeichnet man als <u>TEM-Welle</u>. Andere Beispiele für TEM - Wellen finden wir bei der Zweidrahtleitung oder bei der Koaxialleitung. Nun gibt es umgekehrt aber auch Fälle, bei denen weder $H_z = 0$ noch $E_z = 0$ gilt. Solche Wellen enthalten also z-Komponenten des elektrischen und magnetischen Feldes. Diese Wellen bezeichnet man als hybride Wellen (HE-Wellen oder EH-Wellen). In Glasfasern breiten sich sowohl hybride Wellen als auch H- und E-Wellen aus.

Für den Recheckhohlleiter wollen wir nun Lösungen suchen, für die entweder $E_z = 0$ oder $H_z = 0$ gilt. Tatsächlich regt man in der Praxis am Eingang eines Hohlleiters oft nur H-Wellen oder E-Wellen an.

Die Aufgabe besteht nun darin, die Wellengleichung (1.15) für $\vec{E}(x,y,z)$ zu lösen. Der Ansatz (1.14) eliminiert nach wie vor die t-Abhängigkeit. In der Wellengleichung ist jetzt aber der Laplaceoperator nach (1.12) mit allen Ableitungen zu berücksichtigen. Anstelle von (1.20) gilt jetzt

$$\left(\frac{\partial^2}{\partial x^2} + \frac{\partial^2}{\partial y^2} + \frac{\partial^2}{\partial z^2} \right) \vec{\underline{E}}(x,y,z) + \omega^2 \mu \varepsilon \, \vec{\underline{E}}(x,y,z) = 0 . \qquad (2.1)$$

Zur Lösung von (2.1) wählen wir wieder den Ansatz (1.22), wobei jetzt allerdings der Vorfaktor $\vec{\underline{E}}_0$ noch von x und y abhängt:

$$\vec{\underline{E}}\,(x,y,z) \;=\; \vec{\underline{E}}_0(x,y)\; e^{\pm j\beta z} \quad \text{mit} \quad \vec{\underline{E}}_0(x,y) \;=\; \begin{pmatrix} \underline{E}_{0x}(x,y) \\ \underline{E}_{0y}(x,y) \\ \underline{E}_{0z}(x,y) \end{pmatrix} . \quad (2.2)$$

Mit $\partial^2\vec{\underline{E}}/\partial z^2 = -\,\beta^2\,\vec{\underline{E}}$ reduziert sich (2.1), wenn man $\exp(\pm j\beta z)$ herauskürzt, auf

$$\left(\frac{\partial^2}{\partial x^2} + \frac{\partial^2}{\partial y^2} \right) \vec{\underline{E}}_0(x,y) \;+\; \left(\omega^2\mu\varepsilon - \beta^2 \right) \vec{\underline{E}}_0(x,y) \;=\; 0 \; . \qquad (2.3)$$

Bei ebenen Wellen verschwinden die Ableitungen nach x und y. Aus (2.3) ergäbe sich dann wieder der Ausdruck (1.23) für β. Beim Hohlleiter ist nun
aber $\vec{\underline{E}}_0$ eine zu bestimmende Funktion von x und y.

Für die folgenden Überlegungen wollen wir von der Vektordifferentialgleichung (2.3) nur die skalare Wellengleichung für die z-Komponente $\underline{E}_{0z}(x,y)$
betrachten:

$$\left(\frac{\partial^2}{\partial x^2} + \frac{\partial^2}{\partial y^2} \right) \underline{E}_{0z}(x,y) \;+\; \left(\omega^2\mu\varepsilon - \beta^2 \right) \underline{E}_{0z}(x,y) = 0 . \qquad (2.4)$$

In diesem Kapitel werden wir zunächst Lösungen $\underline{E}_{0z}(x,y)$ suchen, die aus
mathematischer Sicht die Gleichung (2.4) erfüllen. Im folgenden Abschnitt
werden wir dann am Beispiel der E-Wellen zeigen, wie man durch einfache
Differentiation von $\underline{E}_{0z}$ alle übrigen Komponenten von $\vec{\underline{E}}$ und $\vec{\underline{H}}$ bestimmen
kann. Aus der Vielzahl der mathematisch möglichen Feldverteilungen müssen
wir dann nur noch diejenigen herausgreifen, die die physikalischen Randbedingungen auf der Hohlleiterwand erfüllen. Im Zuge dieser Betrachtungen
ergibt sich dann eine Bedingung für die Ausbreitungskonstante β.

Zur Lösung von (2.4) wählen wir nun den Produktansatz

$$\underline{E}_{0z}(x,y) \;=\; \underline{X}(x) \cdot \underline{Y}(y). \qquad\qquad\qquad (2.5)$$

Mit

$$\frac{\partial^2\underline{E}_{0z}}{\partial x^2} \;=\; \frac{\partial^2\underline{X}}{\partial x^2}\,\underline{Y} \;=\; \frac{1}{\underline{X}} \cdot \frac{\partial^2\underline{X}}{\partial x^2} \cdot \underline{E}_{0z} \qquad \text{und}$$

$$\frac{\partial^2\underline{E}_{0z}}{\partial y^2} \;=\; \frac{1}{\underline{Y}} \cdot \frac{\partial^2\underline{Y}}{\partial y^2} \cdot \underline{E}_{0z}$$

nimmt (2.4) die Form

$$\underbrace{\frac{1}{\underline{X}}\frac{\partial^2 \underline{X}}{\partial x^2}}_{=\,-\,k_x^2} \;+\; \underbrace{\frac{1}{\underline{Y}}\frac{\partial^2 \underline{Y}}{\partial y^2}}_{=\,-\,k_y^2} \;+\; (\,\omega^2\mu\varepsilon - \beta^2\,) \;=\; 0 \qquad\qquad (2.6)$$

an, wobei $\underline{E}_{oz}$ herausgekürzt wurde. Die ersten beiden Terme in (2.6) wurden
mit $-k_x^2$ und $-k_y^2$ abgekürzt; diese Ausdrücke können jeweils höchstens von x
beziehungsweise y abhängen. Betrachtet man (2.6) für y=const., dann sind
zunächst die letzten beiden Glieder in jedem Fall konstant. Für jedes x
im Hohlleiterquerschnitt muß nun aber die Gleichung (2.6) erfüllt sein.
Diese Bedingung läßt sich aber nicht erfüllen, wenn k_x von x abhängt und
je nach Variable x einen anderen Wert annimmt; dies ist nicht möglich,
weil für y=const. nur für ein k_x^2 die Gleichung erfüllt sein kann. Folglich
muß k_x^2 unabhängig von x sein. Damit ist k_x eine Konstante. Dieselbe Schluß-
folgerung läßt sich für k_y durchführen. Wir erhalten daher (für $\underline{Y}(y)$ entsprechend)

$$\frac{1}{\underline{X}}\frac{\partial^2 \underline{X}(x)}{\partial x^2} \;=\; -\,k_x^2 \qquad \text{also} \qquad \frac{\partial^2 \underline{X}}{\partial x^2} \;+\; k_x^2\,\underline{X} \;=\; 0\;. \qquad (2.7)$$

Als Lösung ergeben sich für $\underline{X}(x)$ und entsprechend für $\underline{Y}(y)$ die harmonischen
Funktionen

$$\underline{X}(x) \;=\; \underline{X}_0 \left\{ \begin{matrix} \cos k_x\,x \\ \sin k_x\,x \end{matrix} \right\} \;,\quad \underline{Y}(y) \;=\; \underline{Y}_0 \left\{ \begin{matrix} \cos k_y\,y \\ \sin k_y\,y \end{matrix} \right\}, \qquad (2.8)$$

wobei sowohl die cos- als auch die sin-Funktionen genommen werden können.
Die Vorfaktoren $\underline{X}_0$ und $\underline{Y}_0$ sind komplexe Konstanten. Mit (2.8) und (2.5)
kennen wir nun die mathematisch möglichen Lösungen $\underline{E}_{oz}(x,y)$. Diese Lö-
sungen gelten im Prinzip für alle Komponenten von $\vec{\underline{E}}_0$ und $\vec{\underline{H}}_0$. Wir hatten in
der Wellengleichung (2.3), die in gleicher Form auch für $\vec{\underline{H}}_0(x,y)$ gilt,
nur die Lösungen am Beispiel der z-Komponente von $\vec{\underline{E}}_0$ gesucht.

Für die Phasenkonstante β muß nun die Bedingung

$$\beta^2 \;=\; \omega^2\mu\varepsilon - k_x^2 - k_y^2 \qquad\qquad (2.9)$$

erfüllt sein, die man direkt aus (2.6) abliest. Die Konstanten $k_{x,y}$ sind allerdings noch unbekannt. Immerhin erkennt man im Vergleich zu (1.23) bereits, daß die Phasenkonstante im Hohlleiter von der der ebenen Welle abweicht. Gleichung (2.9) bezeichnet man im übrigen als Separationsbedingung, denn unter dieser Bedingung separiert der Produktansatz (2.5) die x- und y-Abhängigkeit der Felder.

Um die physikalisch erlaubten aus der Vielzahl der mathematisch möglichen Lösungen herauszufinden, sind aus $\underline{E}_{oz}(x,y)$ zunächst die übrigen Feldkomponenten zu bestimmen. Diese Komponenten benötigen wir, um die Randbedingung auf der Hohlleiterwand erfüllen zu können.

2.1.2 Die Felder von H- und E-Wellen

An dieser Stelle gehen wir noch einmal von den Maxwellschen Gleichungen (1.16) und (1.17) aus. Nach $\vec{E}$ und $\vec{H}$ aufgelöst gilt

$$\vec{E} = \frac{1}{j\omega\varepsilon} \begin{pmatrix} \dfrac{\partial \underline{H}_z}{\partial y} - \dfrac{\partial \underline{H}_y}{\partial z} \\[2mm] \dfrac{\partial \underline{H}_x}{\partial z} - \dfrac{\partial \underline{H}_z}{\partial x} \\[2mm] \dfrac{\partial \underline{H}_y}{\partial x} - \dfrac{\partial \underline{H}_x}{\partial y} \end{pmatrix} \quad (2.10) \qquad \text{und} \quad \vec{H} = \frac{-1}{j\omega\mu} \begin{pmatrix} \dfrac{\partial \underline{E}_z}{\partial y} - \dfrac{\partial \underline{E}_y}{\partial z} \\[2mm] \dfrac{\partial \underline{E}_x}{\partial z} - \dfrac{\partial \underline{E}_z}{\partial x} \\[2mm] \dfrac{\partial \underline{E}_y}{\partial x} - \dfrac{\partial \underline{E}_x}{\partial y} \end{pmatrix} \cdot \qquad (2.11)$$

Wir wollen uns jetzt auf vorlaufende Wellen beschränken. Aufgrund des Ansatzes (2.2) kann dann wieder $\partial/\partial z = -j\beta$ gesetzt werden. Die folgenden Überlegungen wollen wir nun für E- und H-Wellen getrennt durchführen.

E-Wellen

Bei E-Wellen gilt immer $\underline{H}_z = 0$. Mit $\partial/\partial z = -j\beta$ lauten die ersten beiden Komponenten von $\vec{E}$ in (2.10)

$$\underline{E}_x = \frac{\beta}{\omega\varepsilon} \underline{H}_y \qquad (2.12) \qquad \text{und} \qquad \underline{E}_y = - \frac{\beta}{\omega\varepsilon} \underline{H}_x \cdot \qquad (2.13)$$

Für die x-Komponente des magnetischen Feldes ergibt sich aus (2.11)

$$\underline{H}_x = - \frac{1}{j\omega\mu} \left(\frac{\partial \underline{E}_z}{\partial y} + j\beta \underline{E}_y \right) \cdot \qquad (2.14)$$

Eliminiert man aus (2.13) und (2.14) $\underline{H}_x$, kann man das Feld $\underline{E}_y$ zu

$$\underline{E}_y = \frac{-j\,\beta}{\omega^2\mu\epsilon - \beta^2}\;\frac{\partial \underline{E}_z}{\partial y} \tag{2.15}$$

bestimmen. In ähnlicher Weise ergibt sich

$$\underline{E}_x = \frac{-j\,\beta}{\omega^2\mu\epsilon - \beta^2}\;\frac{\partial \underline{E}_z}{\partial x} \; . \tag{2.16}$$

Für gegebenes $\underline{E}_z = \underline{E}_{oz}(x,y)\cdot e^{-j\beta z}$, mit $\underline{E}_{oz}$ nach (2.5) und (2.8), berechnen sich alle übrigen Feldkomponenten durch einfache Differentiation. Um nun die physikalisch erlaubten Lösungen aus den mathematisch möglichen Funktionen herauszusuchen, müssen wir die Randbedingung auf der Hohlleiterwand hinzuziehen und formulieren.

Bei unendlich großer Leitfähigkeit der Wände würden für einen endlichen Wert der Tangentialkomponente des elektrischen Feldes unendlich große Ströme fließen. Da dies physikalisch nicht möglich ist, müssen die Tangentialkomponenten verschwinden und es muß

$$\underline{E}_z \;(x=0,a) \;=\; 0 \quad\quad \text{und} \quad\quad \underline{E}_z \;(y=0,b) \;=\; 0 \tag{2.17}$$

gelten. Die Randbedingungen bei y=0 und x=0 lassen sich grundsätzlich nur erfüllen, wenn man in (2.8) die Sinusfunktion auswählt:

$$\underline{E}_z \;=\; \underline{X}_0\cdot \underline{Y}_0 \; \sin k_x\, x \; \cdot \; \sin k_y\, y \cdot e^{-j\beta z} \; . \tag{2.18}$$

Die Randbedingungen bei x=a und y=b werden nun zusätzlich erfüllt, wenn $k_x a$ und $k_y b$ ein Vielfaches von π bilden:

$$k_x \;=\; \frac{m\,\pi}{a} \quad , \quad\quad k_y \;=\; \frac{n\,\pi}{b} \quad \text{mit} \quad m,n = 1,2,3... \tag{2.19}$$

Der Fall m=0 oder n=0 entfällt, weil sonst wegen $\underline{E}_z=0$ in (2.18) alle Feldkomponenten verschwinden. Die ganzzahligen Werte m,n geben die Ordnung der E-Welle an, und entsprechend spricht man von E_{mn}-Wellen.

Anstelle des unbestimmten Vorfaktors $\underline{X}_0\,\underline{Y}_0$ in (2.18) wählen wir nun einen anderen Ausdruck. Wir schreiben

$$\underline{E}_z = \underline{N}^E \; \frac{\omega^2 \mu\varepsilon - \beta^2}{j\omega\varepsilon} \; \sin k_x x \cdot \sin k_y y \cdot e^{-j\beta z} \qquad (2.20)$$

und bezeichnen $\underline{N}^E$ als Normierungsfaktor. Am Beispiel der H- Wellen wird in einer Übungsaufgabe der entsprechende Normierungsfaktor berechnet.

Die übrigen Komponenten des elektrischen Feldes berechnet man mit (2.15) und (2.16) zu

$$\underline{E}_x = \frac{-\beta}{\omega\varepsilon} \; k_x \; \underline{N}^E \cos k_x x \cdot \sin k_y y \cdot e^{-j\beta z}, \qquad (2.21)$$

$$\underline{E}_y = \frac{-\beta}{\omega\varepsilon} \; k_y \; \underline{N}^E \sin k_x x \cdot \cos k_y y \cdot e^{-j\beta z} . \qquad (2.22)$$

Aus (2.12) und (2.13) erhält man $\underline{H}_x$ und $\underline{H}_y$. Die z-Komponente des magnetischen Feldes ist bei E-Wellen null. Damit ist das gesamte Feld bekannt.

Die Phasenkonstante der E-Wellen lautet mit (2.9) und (2.19)

$$\beta = \sqrt{\omega^2\mu\varepsilon - \left(\frac{m\,\pi}{a}\right)^2 - \left(\frac{n\,\pi}{b}\right)^2}, \qquad (2.23)$$

wobei wieder zu berücksichtigen ist, daß die Fälle m=0 oder n=0 auszuschließen sind. Bei den E-Wellen ist daher die Eigenwelle niedrigster Ordnung die E_{11}-Welle.

Wir definieren an dieser Stelle wieder wie bei den ebenen Wellen in (1.34) den Wellenwiderstand. Für E-Wellen lautet dieser mit (2.12)

$$Z^E = \frac{\underline{E}_x}{\underline{H}_y} = \frac{\beta}{\omega\varepsilon} \qquad (2.24)$$

mit β nach (2.23). Der Wellenwiderstand hängt von der Frequenz der Welle und deren Ordnung ab, ist allerdings unabhängig vom Ort. Bevor die H-Wellen behandelt werden, sollen noch einige allgemeine Bemerkungen angefügt werden.

Bei einem Vergleich der Phasenkonstanten (1.23) der ebenen Wellen mit der der Hohlleiterwellen nach (2.23) stellt man fest, daß im Hohlleiter wegen

der diskreten Werte m und n die Phasenkonstante diskretisiert ist. Für vorgegebene Frequenz sind je nach Hohlleitergeometrie nur bestimmte β erlaubt.
Aus diesem Grunde bezeichnet man β oft als Eigenwert der Eigenwelle. In den
Hohlleiter passen demnach nur bestimmte Wellen hinein. Vom geometrisch -
optischen Standpunkt her sind es gerade nur solche Wellen, die sich längs z
konstruktiv überlagern. Bei der quasioptischen Betrachtung des Rechteckhohlleiters untersuchen wir diese Frage noch einmal genauer.

H-Wellen

Für die Berechnung der Felder der H-Wellen gilt definitionsgemäß $\underline{E}_z = 0$.
Anstelle der Randbedingung (2.17) bei E-Wellen, die sich dort einfach für
eine Feldkomponente formulieren ließ, muß man hier schreiben

$$\underline{E}_x(y=0,b) = 0 \quad \text{und} \quad \underline{E}_y(x=0,a) = 0 \; . \tag{2.25}$$

In diesem Fall kann man zunächst nur angeben, daß

$$\underline{E}_x \sim \sin k_y\, y \quad \text{und} \quad \underline{E}_y \sim \sin k_x\, x \tag{2.26}$$

gelten muß. Um die vollständigen Lösungen zu finden, stellen wir nun für
H-Wellen die Beziehungen auf, die zwischen den Komponenten der Felder bestehen.

Mit $\underline{E}_z = 0$ und $\partial/\partial z = -j\beta$ findet man in (2.11) für die ersten beiden Komponenten des magnetischen Feldes

$$\underline{H}_x = \frac{-\beta}{\omega\mu}\, \underline{E}_y \tag{2.27} \quad \text{und} \quad \underline{H}_y = \frac{\beta}{\omega\mu}\, \underline{E}_x \; . \tag{2.28}$$

Wegen $\underline{E}_z = 0$ folgt aus (2.10) außerdem

$$\frac{\partial \underline{H}_y}{\partial x} = \frac{\partial \underline{H}_x}{\partial y} \; . \tag{2.29}$$

Setzt man in diese Gleichung $\underline{H}_x$ und $\underline{H}_y$ nach (2.27) und (2.28) ein, erhält
man

$$\frac{\partial \underline{E}_x}{\partial x} = \frac{-\partial \underline{E}_y}{\partial y} \; . \tag{2.30}$$

Aufgrund dieser Beziehung kann in (2.26) die fehlende x-Abhängigkeit bei
$\underline{E}_x$ und die y-Abhängigkeit bei $\underline{E}_y$ festgelegt werden. Gleichung (2.30) ist
nur erfüllt, wenn man die Funktionen entsprechend

$$\underline{E}_x = \underline{N}^H \, k_y \, \cos k_x \, x \cdot \sin k_y \, y \cdot e^{-j\beta z} \qquad (2.31)$$

$$\underline{E}_y = -\underline{N}^H \, k_x \, \cos k_y \, y \cdot \sin k_x \, x \cdot e^{-j\beta z} \qquad (2.32)$$

wählt. Dabei wird $\underline{N}^H$ als Normierungsfaktor der H-Wellen bezeichnet. In Aufgabe 2.1 ist dieser Faktor dem Betrage nach zu bestimmen.

Die Randbedingungen bei x = a und y = b in (2.25) werden nun auch noch erfüllt, wenn wir wieder $k_{x,y}$ wie in (2.19) angegeben bestimmen. Im Unter -
schied zu E-Wellen muß hier allerdings entweder noch der Fall m = 0 mit
n > 0 oder der andere Fall n = 0 mit m > 0 hinzugenommen werden.

Die x- und y-Komponente des magnetischen Feldes berechnet man aus (2.27)
und (2.28). Die z-Komponente ergibt sich nach (2.11) durch Differentiation
von $\underline{E}_{x,y}$. Man erhält

$$\underline{H}_z = \frac{\underline{N}^H}{j\omega\mu} \, (k_x^2 + k_y^2) \, \cos k_x \, x \cdot \cos k_y \, y \cdot e^{-j\beta z}. \qquad (2.33)$$

Für m=n=0, d.h., $k_x=k_y=0$ würden wieder alle Feldkomponenten verschwinden.
Mit $k_y=0$ erhält man die H_{mo}-Wellen, deren elektrisches Feld nach (2.31)
und (2.32) nur in y-Richtung zeigt. Die H_{on}-Wellen sind umgekehrt gerade
in x-Richtung polarisiert.

Für die Phasenkonstante gilt wieder die Beziehung (2.23). Im Rechteckhohlleiter weisen daher anders als beim später behandelten Rundhohlleiter die
H- und E-Wellen eine einheitliche Phasenkonstante auf. Der Wellenwiderstand nimmt aber einen anderen Wert an und lautet mit (2.28)

$$Z^H = \frac{\underline{E}_x}{\underline{H}_y} = \frac{\omega\mu}{\beta} \, . \qquad (2.34)$$

Mit Gleichung (2.24) läßt sich im übrigen noch ein einfacher Zusammenhang ableiten:

$$\sqrt{Z^H \cdot Z^E} = \sqrt{\frac{\mu}{\varepsilon}} = Z_{\substack{\text{ebene} \\ \text{Welle}}} \cdot \qquad (2.35)$$

Alle Feldkomponenten beinhalten den gemeinsamen Phasenfaktor $e^{-j\beta z}$. Damit sich die Welle in z-Richtung ungedämpft ausbreiten kann, muß die Phasen-konstante β in (2.23) reell sein. Diese Bedingung ist nur oberhalb einer Grenzfrequenz $f = f_c$ erfüllt. Der Index "c" steht dabei für cut-off. Die kleinste Grenzfrequenz hat bei einem Hohlleiter mit $b < a$ die Welle mit den Ordnungen $m=1$ und $n=0$. Da bei E-Wellen $n=0$ ausgeschlossen wurde, hat die H_{10}-Welle die kleinste Grenzfrequenz. Aus diesem Grunde bezeichnet man die H_{10}-Welle als Grundwelle. Mit steigender Frequenz wird diese Welle zu-erst ausbreitungsfähig.

Die Feldkomponenten der Grundwelle wollen wir noch einmal genauer hin-schreiben:

$$\underline{E}_{x,z} = 0 \;;\; \underline{E}_y = -\underline{N}^H \frac{\pi}{a} \sin \frac{\pi}{a} x \cdot e^{-j\beta z}$$

$$(2.36)$$

$$\underline{H}_x = \frac{-\beta}{\omega\mu} \underline{E}_y \;;\; \underline{H}_y = 0 \;;\; \underline{H}_z = \frac{\underline{N}^H (\pi/a)^2}{j\omega\mu} \cos \frac{\pi}{a} x \cdot e^{-j\beta z} \;.$$

Setzt man die Komponenten des elektrischen und magnetischen Feldes in die Gleichung (1.14), die in entsprechender Form auch für das magnetische Feld gilt, ein, erhalten wir die vollständige Lösung für die H_{10}-Welle mit

$$\underline{N}^H = |\underline{N}^H| \exp(j\,\varphi_N) \qquad (2.37)$$

zu

$$E_{x,z} = 0 \;, \qquad E_y = -\sqrt{2}\,|\underline{N}^H| \frac{\pi}{a} \sin \frac{\pi}{a} x \cdot \cos(\omega t - \beta z + \varphi_N)$$

$$H_x = \frac{-\beta}{\omega\mu} E_y = \frac{\beta}{\omega\mu} \sqrt{2}\,|\underline{N}^H| \frac{\pi}{a} \sin \frac{\pi}{a} x \cdot \cos(\omega t - \beta z + \varphi_N)$$

$$(2.38)$$

$$H_y = 0 \;, \qquad H_z = \frac{(\pi/a)^2}{\omega\mu} \sqrt{2}\,|\underline{N}^H| \cdot \cos \frac{\pi}{a} x \cdot \sin(\omega t - \beta z + \varphi_N)$$

Bild 5 veranschaulicht das Feld-
bild der Grundwelle, indem $\underline{H}_x$
und $\underline{E}_y$ dem Betrage nach in den
Hohlleiterquerschnitt eingetra-
gen wurden. Das Feld ist von y
unabhängig und bildet in x-Richtung die einfachste Form einer
stehenden Welle. Mit $\beta = 2\pi/\lambda_H$
könnte man in (2.38) der Hohlleiterwelle eine Wellenlänge λ_H
zuordnen. Wir wollen dies nicht

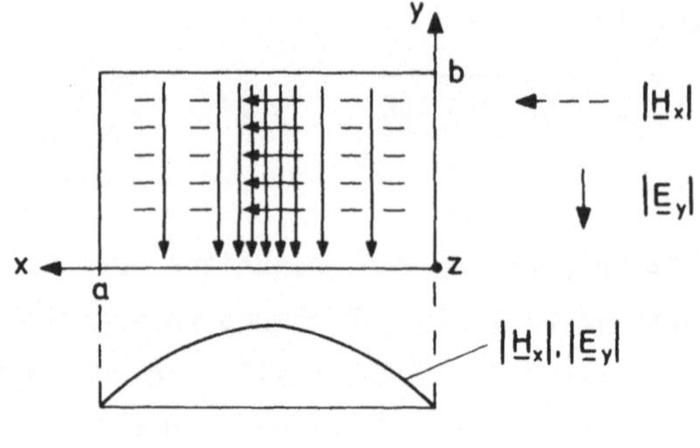

Bild 5 Feldbild der H_{10}-Welle

tun und weiterhin mit der Phasenkonstanten β rechnen.

Die Gleichungen (2.38) zeigen noch ein weiteres interessantes Ergebnis.
Das elektrische Feld ist in y-Richtung linear polarisiert, das magnetische
Feld senkrecht zur Ausbreitungsrichtung dagegen elliptisch polarisiert.
Durch geeignete Wahl der Vorfaktoren von H_x und H_z kann man die Polarisation beeinflussen. Für ein bestimmtes x findet man so im Hohlleiter zwei
Ebenen x = const., in denen das Magnetfeld für sich genommen zirkular polarisiert ist. Diesen Sachverhalt nutzt man bei Richtungsleitungen aus,
indem man in diesen Ebenen Ferritstreifen anbringt, die bei zirkular pola-
risierten Wellen je nach Laufrichtung die Welle unterschiedlich stark
dämpfen, wenn gleichzeitig ein konstantes Magnetfeld angelegt wird. Im
Idealfall breitet sich die Welle dann in einer Richtung ungedämpft aus; in
der anderen Richtung wird die Welle dagegen sehr stark gedämpft, so daß
keine Wellenausbreitung möglich ist.

Im folgenden wollen wir uns nicht mehr so genau mit den Feldbildern im
Rechteckhohlleiter beschäftigen. Die Darstellungen sind meistens sehr un-
anschaulich und tragen wenig zum weiteren Verständnis der Vorgänge in
metallischen Hohlleitern bei. Wir begnügen uns mit der hier durchgeführten
exakten mathematischen Behandlung, aus der alles Wesentliche abgeleitet
werden kann. Viel wichtiger ist für uns eine genauere Diskussion zum Verlauf der Phasenkonstanten und Gruppengeschwindigkeit in Abhängigkeit von
der Frequenz. Ebenso wie später bei der Glasfaser bestimmt diese Frequenzabhängigkeit, in welchem Maße der Hohlleiter bei der Signalübertragung zu
Signalverzerrungen beiträgt. Diese Frage ist für die Nachrichtentechnik
immer von großer Bedeutung und soll nun untersucht werden.

2.1.3 Phasenkonstante, Gruppengeschwindigkeit und Dispersion

Für die Phasenkonstante (1.23) der ebenen Welle wollen wir in Zukunft k_o schreiben. Für die ebene Welle gilt dann $\beta = k_o$ mit

$$k_o = \omega \sqrt{\mu \varepsilon} \tag{2.39}$$

Weiter wollen wir beim Hohlleiter jetzt die Ordnungen m,n an die betreffenden Größen als Index anfügen. Mit (2.23) und (2.39) kann man dann für die Phasenkonstante der H_{mn}- und E_{mn}-Wellen

$$\beta_{mn} = k_o \sqrt{1 - (f_{cmn}/f)^2} \tag{2.40}$$

mit

$$f_{cmn} = \frac{1}{2\sqrt{\mu\,\varepsilon}} \sqrt{\left(\frac{m}{a}\right)^2 + \left(\frac{n}{b}\right)^2} \tag{2.41}$$

schreiben. Man erhält in (2.40) für β nur dann einen reellen Wert, wenn die Frequenz f oberhalb der Grenzfrequenz f_{cmn} der betrachteten Welle liegt. Bild 6a zeigt qualitativ den Verlauf β_{mn} in Abhängigkeit von der Frequenz; in Bild 6b ist in einer anderen Darstellung das Verhältnis β_{mn}/k_o aufgetragen. Man erkennt, daß sich für $f \to \infty$ die Phasenkonstante der Hohlleiterwelle dem Wert k_o der ebenen Welle nähert. Die vorliegenden Diagramme bezeichnet man als Dispersiondiagramme. Wegen des nichtlinearen Zusammenhanges $\beta(\omega)$ erfährt die Welle eine Dispersion, weil nach (2.23) die Gruppengeschwindigkeit frequenzabhängig ist. Durch Differentiation von (2.23) kann man diese Frequenzabhängigkeit leicht berechnen. Man erhält mit (1.29) und (1.30) für die uns interessierende Gruppenlaufzeit

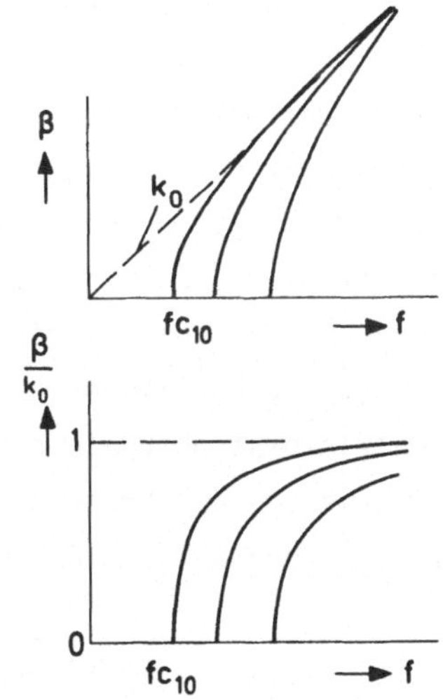

Bild 6 Dispersionskurven des Rechteckhohlleiters

$$\tau = \frac{\tau_o}{\sqrt{1 - (f_{cmn}/f)^2}} \tag{2.42}$$

mit der Abkürzung

$$\tau_0 = \frac{L}{c_0} \sqrt{\mu_r \varepsilon_r} \; . \tag{2.43}$$

Die Größe τ_0 gibt gerade die Laufzeit einer ebenen Welle entlang der z-Achse an. Die Hohlleiterwelle erfährt nur für $f \to \infty$ diese Verzögerung, sonst ist $\tau(f)$ stets größer. Der Verlauf der Laufzeit ist in Bild 7 skizziert. Bevor eine geometrisch-optische Erklärung für dieses Laufzeitverhalten angegeben wird, soll noch diskutiert werden, welche Wellenausbreitung unterhalb der jeweiligen Grenzfrequenz beobachtet wird.

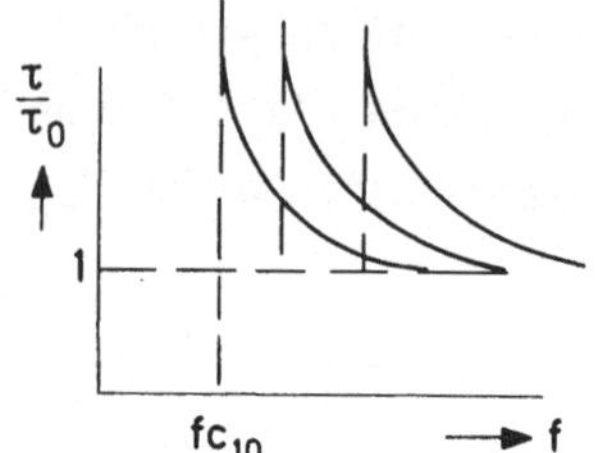

Bild 7 Gruppenlaufzeit im Rechteckhohlleiter

Für $f < f_{cmn}$ wird β_{mn} imaginär. Der Exponential-faktor $\exp(-j\beta z)$ in (2.2) reduziert sich dann auf einen reellen Dämpfungs-term $\exp(-\alpha_{mn} z)$, mit

$$\alpha_{mn} = \sqrt{(f_{cmn}/f)^2 - 1} \; . \tag{2.44}$$

Eine solche Welle mit $f_{cmn} > f$ wird nach Maßgabe von f_{cmn}/f gedämpft und verschwindet nach einiger Entfernung. Diese Wellen sind daher nicht ausbreitungsfähig. Bei unendlich großer Wandleitfähigkeit breiten sich oberhalb der Grenzfrequenz die Wellen dagegen immer verlustlos aus. Im Gegensatz zu manchen dielektrischen Wellenleitern beginnt die Wellenausbreitung beim Rechteckhohlleiter und auch bei Hohlleitern mit anderer Querschnittsgeometrie erst oberhalb einer Grenzfrequenz, die hauptsächlich von der Geometrie und der Ordnung der Welle bestimmt ist. Die Grenzfrequenz f_{c10} der H_{10}-Grundwelle im Rechteckhohlleiter folgt aus (2.41) zu

$$f_{c10} = \frac{1}{2 a \sqrt{\mu \varepsilon}} \tag{2.45}$$

und hängt in der Praxis mit $\mu_r = 1$ und $\varepsilon_r = 1$ nur noch von der Kantenlänge a ab.

Im folgenden Abschnitt wollen wir mit Hilfe geometrisch-optischer Betrachtungen das Verständnis vertiefen und die Ergebnisse anschaulich deuten.

2.1.4 Quasioptische Betrachtungen

In der Anordnung nach Bild 8 ist die Wellenfront AA' einer ebenen Welle
eingezeichnet. Die Welle wandert in Richtung auf die metallische Wand 2 zu
und wird dort reflektiert. Anschließend wird bei C die Welle an der Wand 1
wieder zurückgeworfen. Die Richtung der Wellenausbreitung kann man durch
den Zick-Zack-Weg A-B-C-D beschreiben. Dieser Weg muß nun aber bis auf ein

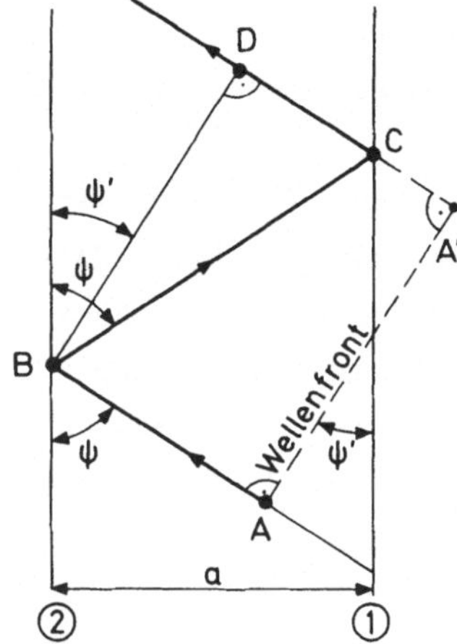

Bild 8 Konstruktive Interferenz reflektieren-
der Wellen

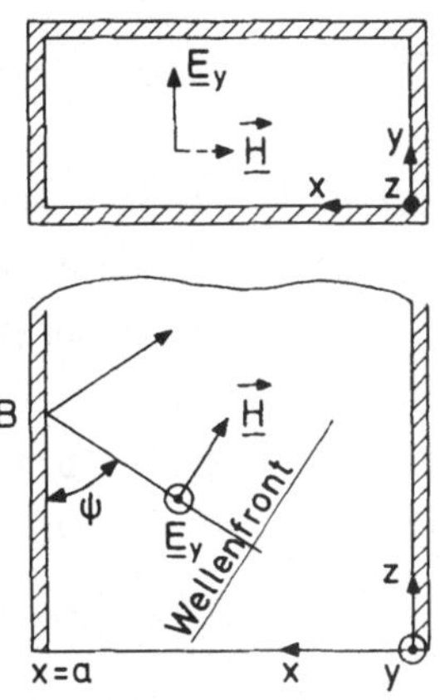

Bild 9 Ebene Elementarwellen im Rechteckhohlleiter

Vielfaches der Wellenlänge λ_0 mit dem direkten, scheinbaren Weg A'D über-
einstimmen, weil sich sonst die Wellen teilweise oder sogar vollständig
auslöschen würden. Die Bedingung für konstruktive Interferenz lautet daher

$$\text{Umweg} = \overline{BC} + \overline{CD} = m\,\lambda_0 \qquad \text{mit } m = 1,2,3 \ldots$$

Mit Hilfe elementarer Geometrie ergeben sich außerdem folgende Beziehungen:

$$\overline{BC} = \frac{a}{\sin\psi} \quad , \quad \overline{CD} = \overline{BC}\,\sin(\psi - \psi') \quad \text{mit } \psi' = 90^{\circ} - \psi \, .$$

Durch Einsetzen in obige Bedingung findet man nach kurzer Zwischenrechnung
die Bragg-Bedingung

$$\sin\psi = \frac{m\,\lambda_0}{2a} \qquad (\, m = 1,2,3 \ldots \,) \, . \tag{2.46}$$

In der Anordnung nach Bild 8 breiten sich wegen der diskreten Werte für m
nur ebene Wellen mit den diskreten Winkeln ψ nach Gleichung (2.46) aus.
Das Modell nach Bild 8 wird nun auf den Hohlleiter nach Bild 9 übertragen.

Die eingezeichnete ebene Welle ist in y-Richtung polarisiert und breitet
sich unter dem Winkel ψ zur z-Achse aus. Man überzeugt sich leicht davon,
daß eine ebene Welle, die sich nicht nur in z-Richtung, sondern auch in
x-Richtung ausbreitet, durch den Phasor

$$\underline{E}_y^{(h)} = \underline{E}_0 \exp\{-j(\beta_x x + \beta z)\} \qquad (\text{ hinlaufend })$$

beschrieben wird. Da keine y-Abhängigkeit vorliegt ($\partial/\partial y = 0$), wird mit
obigem Ansatz für die hinlaufende Welle die Wellengleichung (1.15) erfüllt.
Dabei ist β_x zunächst eine unbekannte Konstante. Obige Welle wird nun bei
x = a und dann wieder bei x = 0 reflektiert. Damit bei unendlich großer
Leitfähigkeit das Feld z.B. bei x = 0 verschwindet, muß der Reflexionsfaktor -1 betragen. Da die rücklaufende Welle in -x-Richtung läuft, lautet
der Phasor

$$\underline{E}_y^{(r)} = - \underline{E}_0 \exp\{-j(-\beta_x x + \beta z)\} \qquad (\text{rücklaufend}).$$

Im Hohlleiter überlagern sich beide Anteile zu $\underline{E}_y = \underline{E}_y^{(h)} + \underline{E}_y^{(r)}$, so daß

$$\underline{E}_y \sim \exp\{-j(\beta_x x + \beta z)\} - \exp\{-j(-\beta_x x + \beta z)\}$$

$$\sim \underline{E}_0 \sin\beta_x x \cdot \exp(-j\beta z)$$

wird. Der Vergleich dieses Ergebnisses mit dem Feld der H_{m0}-Wellen (k_y=0)
nach (2.31) und (2.32) zeigt bis auf einen unbestimmten Vorfaktor völlige
Übereinstimmung, wenn $\beta_x = k_x$ gesetzt wird. Die H_{m0}-Wellen stellen nach
diesen Überlegungen nichts anderes als die Überlagerung der in Bild 9 dar-
gestellten hin- und rücklaufenden elementaren ebenen Wellen dar. Diesen
Elementarwellen können wir nach (2.46) den Ausbreitungswinkel ψ zur z-Achse
zuordnen, der mit $c_0 = \lambda_0 f$ auch aus

$$\sin \psi = f_{cm0} / f \qquad\qquad\qquad (2.47)$$

bestimmt werden kann, wobei f_{cm0} gerade die früher definierte Grenzfrequenz der H_{m0}-Wellen nach (2.41) ist. Bei hohen Frequenzen verlaufen die elementaren ebenen Wellen, aus denen sich die Hohlleiterwellen zusammensetzen, unter immer flacherem Winkel ψ zur z-Achse. Der direkte Weg entlang der Achse ist dabei gegenüber dem Zick-Zack-Weg in Bild 10 immer um den Faktor $\cos \psi$ kürzer. Entsprechend muß die Laufzeit τ_0 entlang der Achse um denselben Faktor gegenüber der Laufzeit entlang dem Zick-Zack-Weg kleiner sein. Für die Laufzeit der ebenen Elementarwellen gilt daher

$$\tau(\psi) = \frac{\tau_0}{\cos \psi} \ . \qquad (2.48)$$

Setzt man hier (2.47) ein, ergibt sich dieselbe Formel, wie wir sie in (2.42) für die Gruppenlaufzeit der Hohlleiterwellen abgeleitet hatten:

$$\tau(\psi) = \frac{\tau_0}{\sqrt{1 - (f_{cm0}/f)^2}} \ . \qquad (2.49)$$

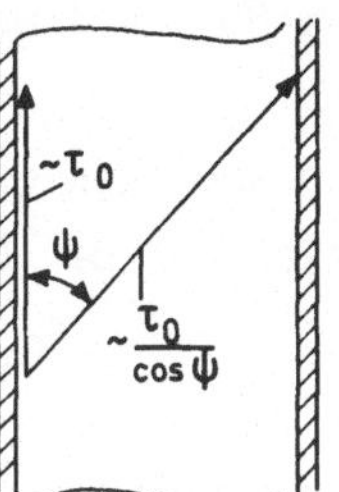

Bild 10 Laufzeit ebener Elementarwellen im Rechteckhohlleiter

Bislang wurde bei unseren geometrisch-optischen Betrachtungen nur E_y-Polarisation angenommen. Geht man nun andererseits davon aus, daß das magnetische Feld in y-Richtung zeigt, dann liegt der elektrische Feldvektor in der x-z-Ebene. Eine Feldverteilung, die wie oben angenommen unabhängig von y ist, kann nun gar nicht existieren, denn in den x-z-Ebenen y = 0,b muß das elektrische Feld auf Grund der Randbedingungen verschwinden. Andererseits soll die Feldverteilung aber auch unabhängig von y sein. Damit ist das Feld überhaupt null, und es existieren keine E_{m0}-Wellen, ebenso wie es auch keine E_{0n}-Wellen gibt. Diesen Sachverhalt hatten wir schon früher festgestellt.

Wellen mit m,n > 0 kann man sich nun als Überlagerung von elementaren ebenen Wellen vorstellen, die in Bild 9 nicht nur an den Seitenwänden, sondern auch noch am Boden und Deckel des Hohlleiters bei y = 0,b reflektieren. In diesem Fall bilden sowohl die in x-Richtung als auch die in y-Richtung hinlaufenden und reflektierten Elementarwellen in x-Richtung und in y-Richtung stehende Wellen, wie sie gerade durch die Lösungen (2.31) und (2.32) beschrieben werden.

Mit Hilfe von (2.47) und (2.40) kann man jetzt auch die Phasenkonstante β
der Hohlleiterwellen durch den Neigungswinkel ψ der elementaren ebenen Wellen ausdrücken. Man erhält

$$\beta_{m0} = k_o \cos \psi. \qquad (2.50)$$

Für $\psi \to 0$ oder $f \to \infty$ breiten sich die Hohlleiterwellen einfach mit der Phasenkonstanten k_o der ebenen Welle aus. Bei der Grenzfrequenz ist dagegen
mit $\psi = 90^o$ die Welle nicht mehr ausbreitungsfähig.

Die bisherigen quasioptischen Betrachtungen ermöglichen nun ein leichteres
Verständnis der Dämpfung im Rechteckhohlleiter mit endlicher Wandleitfähigkeit.

2.1.5 Dämpfung im Rechteckhohlleiter

Da eine Hohlleiterwand mit endlicher Leitfähigkeit dem Feld immer einen
Widerstand entgegensetzt, breiten sich in der Praxis die Wellen nicht verlustlos aus.

Bei den H_{m0}-Wellen entsteht zum Beispiel ein erster Verlustanteil durch
die fortlaufende Reflexion an den Seitenwänden. Diese Verluste nehmen aber
mit wachsender Frequenz ständig ab, weil die Elementarwellen immer seltener reflektieren.

Der zweite Anteil entsteht dadurch, daß das Feld in den Boden und Deckel
eindringt. Wegen der einwirkenden Stromverdrängung steigt der logarithmi-
sche Dämpfungsfaktor $\sim\sqrt{f}$ mit steigender Frequenz f an.

Ein dritter Anteil kann durch dielektrische Verluste im Hohlleiterinneren
auftreten. Dies führt für hinreichend kleine Verlustfaktoren $tg\delta$ zu einer
Dämpfung $\exp(-\alpha_d z)$ mit

$$\alpha_d = \pi \, tg\delta \, \frac{f \sqrt{\varepsilon_r}}{c_o \sqrt{1 - (f_{cmn}/f)^2}} . \qquad (2.51)$$

Diese Beziehung erhält man, wenn in (2.23) entsprechend Aufgabe 1.1 eine
komplexe Dielektrizitätszahl angenommen wird. Der Imaginärteil von β be-

rechnet sich dann näherungsweise nach (2.51).

Durch ein geeignetes Schutzgas kann man die dielektrischen Verluste unter Umständen klein halten. Wählt man weiter die Frequenz hinreichend hoch, reduzieren sich auch die Reflexionsverluste. Für eine Übertragung über kurze Entfernungen ist daher ein Rechteckhohlleiter durchaus geeignet. Für größere Entfernungen im Bereich einiger Kilometer sind die Verluste im Deckel und Boden dann aber immer noch zu groß. Da Boden und Deckel, wenn jetzt eine extrem geringe Dämpfung gefordert ist, ohnehin nur stören, liegt es nahe sie fortzulassen. Nach Bild 11 muß man nun aber den Hohlleiter zusammenbiegen, damit die Welle überhaupt richtig geführt wird. Wenn wir jetzt zusätzlich noch die innere Wand zusammenschrumpfen lassen, gehen die H_{m0}-Wellen des Rechteckhohlleiters in die sogenannten H_{0p}-Wellen des Rundhohlleiters über. Diese Wellen werden im Rundhohlleiter mit steigender Frequenz immer weni-

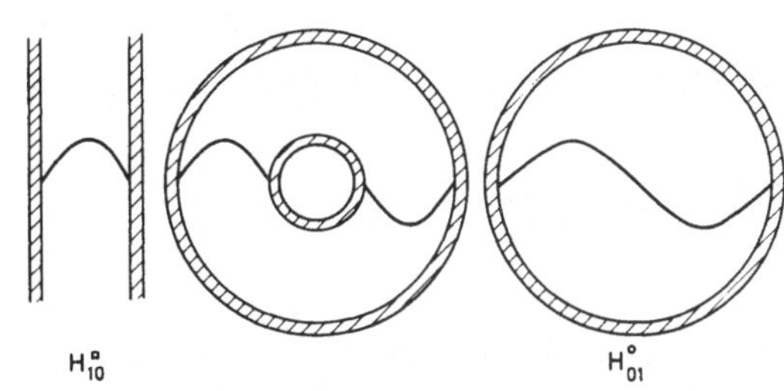

Bild 11 Umbiegen des H_{10}-Rechteckhohlleiters zum H_{01}-Rundhohlleiter

ger gedämpft und sind deshalb von einigem Interesse. Im folgenden Kapitel werden wir uns mit dem Rundhohlleiter näher beschäftigen, um gleichzeitig auch die spätere Behandlung der Glasfaser vorzubereiten.

2.2 Rundhohlleiter

Die Feldberechnung für den Rundhohlleiter wird nun in gleicher Weise durchgeführt wie beim Rechteckhohlleiter. Wegen der zylindrischen Geometrie eignen sich in diesem Fall aber besser Zylinderkoordinaten (ρ, φ, z). Bild 12 zeigt das Modell des Rundhohlleiters vom Durchmesser 2a, wobei wieder ideal leitende Wände angenommen werden. Bei der Umrechnung von kartesischen Koordinaten in Zylinderkoordinaten bleibt die z-Komponente unverändert, während die transversalen Koordinaten x,y in Polarkoordinaten ρ, φ umgerechnet werden:

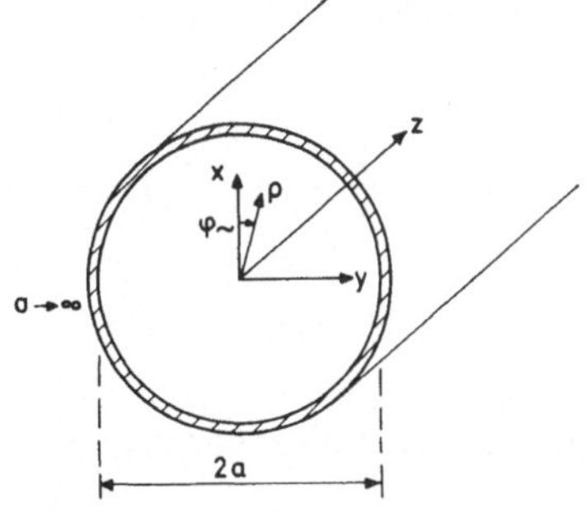

Bild 12 Rundhohlleiter mit Koordinatensystem

$$x = \rho \cos\varphi$$
$$y = \rho \sin\varphi \qquad (2.52)$$
$$z = z$$

Der Feldvektor $\vec{E} = (E_\rho, E_\varphi, E_z)$ wird nach
Bild 13 durch seine Komponenten in ρ-, φ-
und z-Richtung dargestellt ($\vec{H}$ entsprechend).
Ein von einem konstanten Strom I durchflosse-
ner Leiter hat in dieser Darstellung beispiels-
weise bei ρ das Magnetfeld $\vec{H} = (0, I/2\pi\rho, 0)$.
Die gesamte Berechnung führen wir für den Rundhohlleiter nun in Zylinderkoordinaten durch.

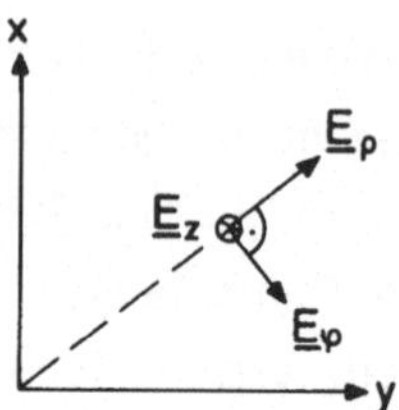

Bild 13 Feldkomponenten in
Zylinderkoordinaten

2.2.1 Lösung der Wellengleichung

In Zylinderkoordinaten ρ,φ,z ist nur die z-Koordinate eine kartesische
Koordinate und die dazu gehörende Komponente eine sogenannte kartesische
Komponente, die überall im Raum die gleiche Richtung hat. Nach den Regeln
der Vektoranalysis darf man nun in (1.12) nur dann den Laplaceoperator
für den Operator -rot rot einsetzen, wenn man den Operator auf eine kartesische Komponente anwendet. Beim Rechteckhohlleiter gibt es nur kartesi-
sche Komponenten; in diesem Fall stellen nur $\underline{E}_z$ und $\underline{H}_z$ solche Komponenten
dar, für die wir wieder wie früher die Wellengleichung (1.15) schreiben
können:

$$\Delta \underline{E}_z + k_0^2\, \underline{E}_z = 0 \quad \text{und} \quad \Delta \underline{H}_z + k_0^2\, \underline{H}_z = 0 . \qquad (2.53)$$

In dieser Gleichung ist jetzt der Laplaceoperator in Zylinderkoordinaten
einzusetzen. Für $\underline{E}_z(\rho,\varphi, z)$ lautet die Differentialgleichung dann

$$\left[\frac{1}{\rho} \frac{\partial}{\partial\rho} \left(\rho \frac{\partial}{\partial\rho}\right) + \frac{1}{\rho^2}\frac{\partial^2}{\partial\varphi^2} + \frac{\partial^2}{\partial z^2} \right] \underline{E}_z + k_0^2\, \underline{E}_z = 0 , \qquad (2.54)$$

wobei die eckige Klammer gerade den Laplaceoperator angibt.

Zur Lösung schreiben wir wie beim Rechteckhohlleiter in (2.2)

$$\underline{E}_z = \underline{E}_{0z}(\rho,\varphi) \cdot e^{\pm j\beta z} \qquad (2.55)$$

und versuchen für die transversale Abhängigkeit völlig analog zu (2.5) den
Produktansatz

$$\underline{E}_{oz}(\rho,\varphi) \;=\; \underline{R}(\rho) \cdot \underline{\Phi}(\varphi) \;. \tag{2.56}$$

Ein solcher Produktansatz ist jederzeit erlaubt, wenn sich nachträglich
zeigt, daß man tatsächlich die ρ- und φ-Abhängigkeit entsprechend (2.56)
trennen oder separieren kann. Geht man nun mit diesem Ansatz für $\underline{E}_z$ in
(2.54) und berücksichtigt weiter, daß nach (2.55) wieder $\partial^2/\partial z^2 = -\beta^2$ gilt,
erhält man nach Kürzen des Exponentialfaktors und Multiplikation mit ρ^2

$$\rho \frac{\partial}{\partial\rho} \left(\rho \frac{\partial}{\partial\rho}\right) \underline{E}_{oz} \;+\; \frac{\partial^2}{\partial\varphi^2} \underline{E}_{oz} \;+\; \rho^2\left(k_o^2 - \beta^2\right) \underline{E}_{oz} \;=\; 0 \;,$$

oder nach Division durch $\underline{E}_{oz} = \underline{R} \cdot \underline{\Phi}$

$$\frac{1}{R} \rho \frac{\partial}{\partial\rho} \left(\rho \frac{\partial}{\partial\rho}\right) \underline{R} \;+\; \frac{1}{\Phi} \frac{\partial^2\Phi}{\partial\varphi^2} \;+\; \rho^2\left(k_o^2 - \beta^2\right) \;=\; 0 \;. \tag{2.57}$$

Der erste und dritte Term in (2.57) kann jeweils höchstens von ρ und der
zweite Term nur von φ abhängen. Damit bei unabhängiger Variation von ρ und
φ die Gleichung überhaupt erfüllt werden kann, müssen die entsprechenden
Terme wie beim Rechteckhohlleiter einzeln konstant sein. Wir bezeichnen die
Konstante mit $-\ell^2$ und erhalten aus

$$\frac{1}{\Phi} \frac{\partial^2\Phi}{\partial\varphi^2} \;=\; -\;\ell^2 \tag{2.58}$$

wieder wie in (2.6) ganz analog zu (2.8) die harmonischen Lösungen

$$\underline{\Phi}(\varphi) \;=\; \underline{\Phi}_0 \left\{ \begin{array}{c} \cos\ell\varphi \\[4pt] \sin\ell\varphi \end{array} \right\} \qquad (\ell = 1,2,3 \dots) \;, \tag{2.59}$$

mit $\underline{\Phi}_0$ als Konstante. Übrig bleibt in (2.57) allein eine Differential -
gleichung für $\underline{R}(\rho)$

$$\rho \frac{\partial}{\partial\rho} \left(\rho \frac{\partial R}{\partial\rho}\right) \;+\; \left(\rho^2 k_\rho^2 - \ell^2\right) \underline{R} \;=\; 0 \tag{2.60}$$

mit

$$k_\rho^2 \;=\; k_o^2 - \beta^2 \;. \tag{2.61}$$

Gleichung (2.60) ist die Besselsche Differentialgleichung, die oft bei
Problemen mit zylindrischer Berandung zu lösen ist. Ein anderes Beispiel
finden wir später bei der Glasfaser. Ebenso wie die harmonische Differen-
tialgleichung verschiedene Lösungen wie $\cos\ell\varphi$, $\sin\ell\varphi$, $\exp(\pm j\ell\varphi)$ und Linear-
kombinationen davon hat, so gibt es auch für (2.60) verschiedene Lösungs-
typen. Uns interessieren im Zusammenhang mit Hohlleitern dabei die Bessel-
funktionen $J_\ell(k_\rho\rho)$ mit ℓ als Ordnung der Besselfunktion und später bei
Glasfasern auch noch die modifizierte Hankelfunktion K_ℓ. Die Besselfunktion
ist dabei eine oszillierende aber doch abfallende Funktion und hat eine
gewisse Ähnlichkeit mit der cos-Funktion. Die modifizierte Hankelfunktion
fällt ähnlich einer Exponentialkurve ab, verläuft beim Argument null allerdings gegen unendlich.

Vom Recheckhohlleiter wissen wir bereits, daß sich im Hohlleiter stehende
Wellen ausbilden, die in diesem Fall in radialer Richtung und in Umfangsrichtung stehen. Die Umfangsabhängigkeit ist mit (2.59) bereits beschrie-
ben. Für die radiale Wellenfunktion $\underline{R}\,(k_\rho\rho)$ müssen wir jetzt die oszillierende Besselfunktion $J_\ell(k_\rho\rho)$ nehmen, weil diese bei $\rho=0$ endlich ist. Mit
(2.55), (2.56) und (2.59) lauten die z-Komponenten der Felder dann

$$\underline{H}_z \, , \, \underline{E}_z \; \sim \; J_\ell(k_\rho\rho) \left\{ \begin{array}{c} \cos\ell\varphi \\ \sin\ell\varphi \end{array} \right\} \exp(\pm j\beta z) \, . \tag{2.62}$$

Der erste Term beschreibt die stehende Zylinderwelle in radialer Richtung,
der zweite Term die stehende Welle in Umfangsrichtung und der dritte Term
wie beim Rechteckhohlleiter bei negativem Vorzeichen die Ausbreitung dieser stehenden Wellen in +z-Richtung.

Die Welle paßt nur dann in den Hohlleiter hinein, wenn ℓ ganzzahlig ist
und auch k_ρ nur bestimmte Werte annimmt. Beim Rechteckhohlleiter mußten
k_x und k_y so gewählt werden, daß die Tangentialkomponenten des elektrischen
Feldes auf der Hohlleiterwand verschwinden. Die Randbedingungen lauten
hier entsprechend

$$\underline{E}_z\,(k_\rho a) \; = \; 0 \qquad \text{und} \qquad \underline{E}_\varphi\,(k_\rho a) \; = \; 0 \, . \tag{2.63}$$

Das Feld $\underline{E}_\varphi$ in Umfangsrichtung ist dabei noch nicht bekannt und muß erst

aus den Maxwellschen Gleichungen bestimmt werden. Wie beim Rechteckhohlleiter sollen daher jetzt die Gleichungen zur Bestimmung der Querkomponenten
aus den z-Komponenten angegeben werden.

2.2.2 Berechnung der transversalen Feldkomponenten

Wir gehen von den Maxwellschen Gleichungen (1.16) und (1.17) aus und
schreiben wie in (2.10) und (2.11), nun allerdings mit dem Rotationsopera-
tor in Zylinderkoordinaten, die Komponenten von $\vec{\underline{E}}$ und $\vec{\underline{H}}$ aus:

$$\vec{\underline{E}} = \frac{1}{j\omega\varepsilon}
\begin{pmatrix}
\dfrac{\partial \underline{H}_z}{\rho\,\partial\varphi} - \dfrac{\partial \underline{H}_\varphi}{\partial z} \\[2ex]
\dfrac{\partial \underline{H}_\rho}{\partial z} - \dfrac{\partial \underline{H}_z}{\partial \rho} \\[2ex]
\dfrac{\partial(\rho\underline{H}_\varphi)}{\rho\,\partial\rho} - \dfrac{\partial \underline{H}_\rho}{\rho\,\partial\varphi}
\end{pmatrix} \quad (2.64)
\qquad , \qquad
\vec{\underline{H}} = \frac{-1}{j\omega\mu}
\begin{pmatrix}
\dfrac{\partial \underline{E}_z}{\rho\,\partial\varphi} - \dfrac{\partial \underline{E}_\varphi}{\partial z} \\[2ex]
\dfrac{\partial \underline{E}_\rho}{\partial z} - \dfrac{\partial \underline{E}_z}{\partial \rho} \\[2ex]
\dfrac{\partial(\rho\underline{E}_\varphi)}{\rho\,\partial\rho} - \dfrac{\partial \underline{E}_\rho}{\rho\,\partial\varphi}
\end{pmatrix} \quad (2.65)$$

Setzt man in $\underline{E}_\rho$ nach (2.64) die Größe $\underline{H}_\varphi$ aus (2.65) ein, erhält man mit
$\partial/\partial z = -j\beta$ für vorlaufende Wellen

$$\underline{E}_\rho = \frac{-j}{k_0^2 - \beta^2} \left[\frac{\omega\mu}{\rho} \frac{\partial \underline{H}_z}{\partial\varphi} + \beta \frac{\partial \underline{E}_z}{\partial\rho} \right] . \qquad (2.66)$$

Da (2.64) und (2.65) durch die Formalsubstitution $\vec{\underline{E}} \leftrightarrow \vec{\underline{H}}$ und $\varepsilon \leftrightarrow -\mu$
ineinander übergehen, folgt sofort auch die ρ-Komponente des magnetischen
Feldes

$$\underline{H}_\rho = \frac{-j}{k_0^2 - \beta^2} \left[-\frac{\omega\varepsilon}{\rho} \frac{\partial \underline{E}_z}{\partial\varphi} + \beta \frac{\partial \underline{H}_z}{\partial\rho} \right] . \qquad (2.67)$$

Mit dieser Gleichung kann man in (2.64) die φ-Komponente des elektrischen
Feldes

$$\underline{E}_\varphi = \frac{-j}{k_0^2 - \beta^2} \left[\frac{\beta}{\rho} \frac{\partial \underline{E}_z}{\partial\varphi} - \omega\mu \frac{\partial \underline{H}_z}{\partial\rho} \right] \qquad (2.68)$$

bestimmen und mit obiger Substitution auch gleich die entsprechende Komponente

$$\underline{H}_\varphi = \frac{-j}{k_o^2 - \beta^2} \left[\frac{\beta}{\rho} \frac{\partial \underline{H}_z}{\partial \varphi} + \omega\varepsilon \frac{\partial \underline{E}_z}{\partial \rho} \right] \qquad\qquad (2.69)$$

des magnetischen Feldes. Da nach (2.62) die axialen Feldkomponenten bekannt sind, können wir nun mit Hilfe obiger Gleichungen die fehlenden transversalen Felder berechnen, die wir unter Umständen zur Formulierung der Randbedingung benötigen.

2.2.3 Felder und Phasenkonstanten

Wie beim Rechteckhohlleiter existieren auch hier E-Wellen mit $\underline{H}_z = 0$ und H-Wellen mit $\underline{E}_z = 0$, die jetzt die Randbedingung (2.63) erfüllen müssen. Ebenso können wir wieder bei den E-Wellen sofort die Randbedingung für die z-Komponente des elektrischen Feldes in die Lösung nach (2.62) einarbeiten. Im Falle des Rechteckhohlleiters konnten wir so von den trigonometrischen Funktionen gleich die richtigen Lösungen heraussuchen. Damit bei x,y = 0 die Tangentialkomponente verschwindet, mußten wir die sin-Funktion auswählen. Um auch die Randbedingung bei x = a und y = b zu erfüllen, waren $k_{x,y}$ nach (2.19) zu wählen. Hier haben wir in der Lösung für $\underline{E}_z$ von vornherein schon die richtige oszillierende Zylinderfunktion gewählt. Wir haben jetzt nur noch dafür zu sorgen, daß die Randbedingung (2.63) auf der Hohlleiterwand durch geeignete Wahl von k_ρ erfüllt wird.

Bei E-Wellen ist die Randbedingung (2.63) nun immer dann erfüllt, wenn bei $\rho = a$

$$\underline{E}_z\,(\rho{=}a) \;\sim\; J_\ell(k_\rho a) \;=\; 0 \qquad\qquad (2.70)$$

gilt. Nach (2.68) erfüllt diese Bedingung gleichzeitig die zweite Randbedingung in (2.63). Gleichung (2.70) stellt eine Bestimmungsgleichung für die Unbekannte k_ρ dar. Mit $x_{\ell p}$ als p-ter Nullstelle der Besselfunktion ℓ-ter Ordnung muß nur

$$k_\rho = \frac{x_{\ell p}}{a} \qquad\qquad (2.71)$$

gelten. Mit (2.61) folgt die Ausbreitungskonstante der $E_{\ell p}$-Wellen dann zu

$$\beta_{\ell p}^{(E)} = \left[k_o^2 - (\frac{x_{\ell p}}{a})^2 \right]^{1/2} , \qquad (2.72)$$

wobei ℓ die Umfangsordnung und p die radiale Ordnung sind.

Bei <u>H-Wellen</u> mit $\underline{E}_z = 0$ können wir genauso wenig wie beim Rechteckhohllei-
ter eine Randbedingung für die z-Komponente erfüllen, weil diese null ist.
Hier ist nur die Randbedingung für die φ-Komponente zu berücksichtigen.
Mit $\underline{E}_z = 0$ können wir aus (2.68) ersehen, daß

$$\underline{E}_\varphi \sim \frac{\partial \underline{H}_z}{\partial \rho} \bigg|_{\rho=a} = 0 \qquad (2.73)$$

gelten muß. Wegen (2.62) wird dann $\underline{E}_\varphi \sim J_\ell'(k_\rho \rho)$, wobei der Strich die Ableitung der Besselfunktion nach dem Argument bedeutet, und die Randbedingung
ist nun bei H-Wellen erfüllt, wenn die Ableitung bei $\rho=a$ verschwindet.
Ganz entsprechend (2.72) lautet die Phasenkonstante der $H_{\ell p}$-Wellen daher

$$\beta_{\ell p}^{(H)} = \left[k_o^2 - (\frac{x_{\ell p}'}{a})^2 \right]^{1/2} \qquad (2.74)$$

mit $x_{\ell p}'$ als p-ter Nullstelle der Ableitung der Besselfunktion ℓ-ter Ord -
nung.

Anders als beim Rechteckhohlleiter unterscheiden sich hier die Phasenkonstanten der H- und E-Wellen voneinander. Dennoch ist die Frequenzabhängigkeit völlig gleich. Man kann für die Phasenkonstanten wieder wie in (2.40)

$$\beta_{\ell p}^{(E,H)} = \left[1 - (\frac{f_{c\,\ell p}^{(E,H)}}{f})^2 \right]^{1/2} \cdot k_o \qquad (2.75)$$

schreiben, wobei

$$f_{c\,\ell p}^{(E)} = \frac{x_{\ell p}}{2\pi a \sqrt{\mu\varepsilon}} \quad \text{und} \quad f_{c\,\ell p}^{(H)} = \frac{x_{\ell p}'}{2\pi a \sqrt{\mu\varepsilon}} \qquad (2.76)$$

die unterschiedlichen Grenzfrequenzen der jeweiligen Wellentypen sind. Der
im Falle des Recheckhohlleiters auftretende Wurzelausdruck in (2.41) ist
hier nur durch $x_{\ell p}/\pi a$ beziehungsweise $x_{\ell p}'/\pi a$ ersetzt.

Tabelle 1 gibt der Größe nach geordnet die ersten Nullstellen und die daraus folgende Reihenfolge der Wellentypen an. Die Grund - welle des Rundhohlleiters ist die H_{11}-Welle. Danach breiten sich die E_{01}-, H_{21}- und dann gleichzeitig die H_{01}- und E_{11}-Welle aus. Da für die Nullstellen der Besselfunktion und deren Ableitung die Beziehung $x'_{0p} = x_{1p}$ gilt, fallen die Grenzfrequenzen der H_{0p}-Wellen mit denen der E_{1p}-Wellen zusammen. Für die H_{01}- und die E_{11}-Welle erhält man dann

Tabelle 1 Reihenfolge der Wellenausbreitung im Rundhohlleiter

(ℓ,p)	1,1	0,1	2,1	0,1 ; 1,1
$x_{\ell p}$		2,405		3,83
$x'_{\ell p}$	1,84		3,05	3,83
Welle	H_{11}	E_{01}	H_{21}	H_{01} ; E_{11}

$$f^{(H)}_{c\,01} = f^{(E)}_{c\,11} = \frac{3,83}{2\pi a \sqrt{\mu\varepsilon}} \ . \tag{2.77}$$

Bild 14 zeigt die Feldverteilungen der H_{11}-Grund - welle und der H_{01}-Welle. Die technisch interessantere H_{01}-Welle zeigt wegen $\ell=0$ in (2.62) ein umfangsunabhängiges Feldbild mit einem Schwingungsbauch in radialer Richtung. Auf das Feldbild der H_{11}-Welle werden wir im Zusammenhang mit Glasfasern noch einmal zu sprechen kommen. Ganz allgemein steht sowohl beim Rechteckhohlleiter als auch beim Rundhohlleiter das transversale elektrische Feld immer senkrecht auf dem transversalen magnetischen Feld.

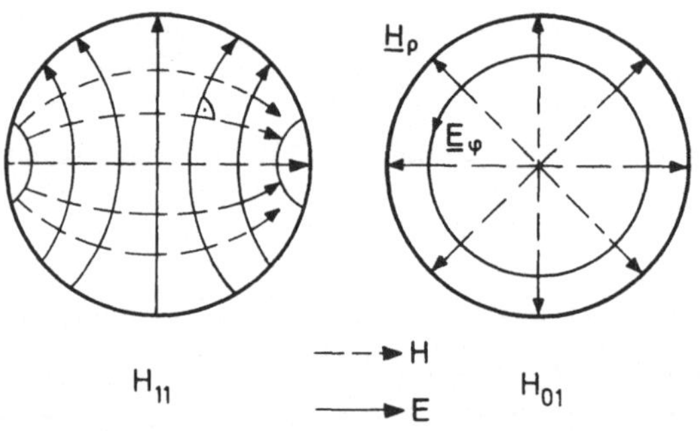

Bild 14 Transversale Feldbilder von H_{11}- und H_{01}-Welle

Entsprechend definiert man hier den Wellenwiderstand $\underline{E}_\rho/\underline{H}_\varphi = - \underline{E}_\varphi/\underline{H}_\rho$, der sich für E-Wellen mit $\underline{H}_z = 0$ und H-Wellen mit $\underline{E}_z = 0$ aus (2.67) und (2.68) direkt ergibt :

$$Z^{(E)} = \frac{\beta^{(E)}}{\omega\varepsilon} \qquad \text{und} \qquad Z^{(H)} = \frac{\omega\mu}{\beta^{(H)}} \quad . \qquad (2.78)$$

Diese Formeln stimmen mit (2.24) und (2.34) überein, nur muß hier die jeweilige Phasenkonstante der H- oder E-Wellen eingesetzt werden. Im übrigen gilt für die Laufzeit wieder (2.42), wobei die jeweilige Grenzfrequenz nach (2.76) zu nehmen ist.

Wir wollen damit diese Überlegungen abschließen und im folgenden Abschnitt die Dämpfung im Rundhohlleiter behandeln.

2.2.4 Dämpfung im Rundhohlleiter

In Bild 11 wurde bereits der Übergang von der H_{10}-Welle des Rechteckhohlleiters zur H_{01}-Welle im Rundhohlleiter besprochen. Die elementaren ebenen Wellen im Rechteckhohlleiter gehen bei der zylindrischen Hohlleiterberandung dann in elementare Kegelwellen über, aus denen man sich wieder die Hohlleiterwelle zusammengesetzt denken kann. Die rotationssymmetrischen H_{0p}-Wellen reflektieren mit zunehmender Fre - quenz dabei immer seltener an der

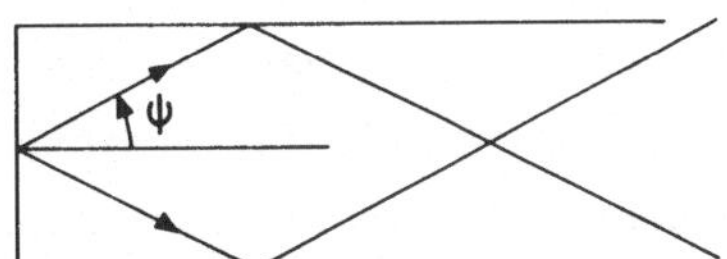

Bild 15 Elementare Kegelwellen des Rundhohlleiters

Hohlleiterwand, so daß die Dämpfung ständig abnimmt. Von all diesen Wellen ist die H_{01}-Welle zuerst ausbreitungsfähig und wegen der geringen Dämpfung für die Signalübertragung über große Entfernungen geeignet. Wie ohne Herleitung angegeben sei, gilt für die $H_{\ell p}$-Wellen für $f > f_c$ die Dämpfungsformel

$$\alpha_{\ell,p}^{(H)} = \frac{\sqrt{\dfrac{\omega\varepsilon}{2\sigma}}}{a\,\sqrt{1 - (f_c/f)^2}} \left[\frac{\ell^2}{x_{\ell p}^{'2} - \ell^2} + \left(\frac{f_c}{f}\right)^2 \right] , \qquad (2.79)$$

wobei σ die Wandleitfähigkeit ist und für f_c die Grenzfrequenz $f_{c\,\ell p}^{(H)}$ der H-Welle einzusetzen ist. Bei den $E_{\ell p}$-Wellen gilt mit der entsprechenden Grenzfrequenz dieser Wellen dieselbe Formel, nur ist die eckige Klammer in (2.79) gleich eins zu setzen. In Übungsaufgabe 2.8 wird gezeigt, daß die Dämpfung der H_{01}-Welle in der Praxis im Bereich um 1 dB/km liegen kann.

2.3 Einkopplung in Hohlleiter

Um nun eine Vorstellung darüber zu vermitteln, wie die Wellen eines Hohlleiters angeregt werden können, wollen wir aus der Vielzahl der Möglichkeiten ein Beispiel skizzieren.

Die H_{10}-Welle des Rechteckhohlleiters
kann man nach Bild 16 recht wirkungsvoll durch eine Antenne an der Stelle
x = a/2 anregen. Dazu führen wir den
Innenleiter eines speisenden Koaxialkabels in den Hohlleiter hinein. Die
Feldverteilung in der Nähe der Antenne
hat dann eine gewisse Ähnlichkeit mit
dem Feldbild der H_{10}-Welle nach Bild 5.
Zusätzlich werden aber auch noch andere Hohlleiterwellen angeregt, und zwar

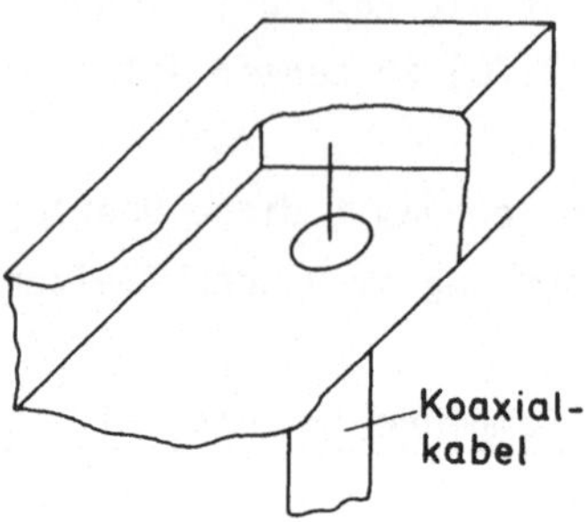

Bild 16 Anregung der H_{10}-Welle durch
Antenne

gerade dergestalt, daß die Überlagerung aller dieser Wellen das von der Antenne erzeugte Feldbild ergibt. Ähnlich der Fourieranalyse wird hier eine
Feldfunktion durch die Überlagerung von Hohlleiterwellen dargestellt, von
denen im vorliegenden Fall die H_{10}-Welle dominieren soll. Die übrigen Wellentypen, die auch noch angeregt werden, stellen Störwellen dar, die man
unter Umständen durch spezielle Maßnahmen bedämpft. Man kann aber auch einfach den Hohlleiter so bemessen, daß nur die Grundwelle ausbreitungsfähig
ist. Da das Feldbild der Einkoppelantenne mit dem der Grundwelle nicht
richtig übereinstimmt, wird dann nur ein Teil der einfallenden Welle ganz
entsprechend der Feldübereinstimmung eingekoppelt. Der Rest wird in das
Koaxialkabel reflektiert. Um also einen bestimmten Wellentyp allein anzuregen, benötigt man eine strahlende Quelle, deren Feldverteilung dem Feldbild des Wellentypes möglichst nahe kommt. Diese Überlegungen können wir
später direkt auf die Verhältnisse bei Lichtwellen, die in Glasfasern eingekoppelt werden, übertragen. Ergänzend sei an dieser Stelle noch ange -
merkt, daß die Anordnung nach Bild 16 ebenso auch zur Auskopplung geeignet
ist.

Die Einkopplung in einen Rundhohlleiter kann nach Bild 17 durch einen Übergang von Rechteck- auf Rundhohlleiter erfolgen. Dazu biegt man in einem
Übergang allmählich den Rechteckquerschnitt in einen Kreissektor und dann

schließlich in den Kreisquerschnitt um.

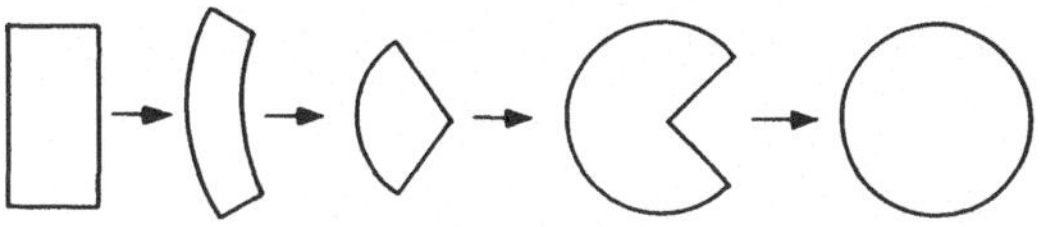

Bild 17
Übergang von Rechteck- auf Rundhohlleiter

2.4 Anwendungen

Hohlleiter werden zur Übertragung von Signalen bei Trägerquenzen von 0,3
bis 300 GHz gebaut. Ein wichtiges Anwendungsgebiet finden Hohlleiter als
Verbindungsleitungen in der Radartechnik und in Richtfunksystemen, um
Sender und Empfänger an die jeweilige Antenne anzuschließen. Aufgrund der
geringen Verluste der H_{01}-Welle im Rundhohlleiter eröffnen sich prinzipiell
auch große Möglichkeiten zur Übertragung extrem breitbandiger Signale über
große Entfernungen. Hohlleiter sind allerdings äußerst unhandlich und dürfen nur mit sehr großen Krümmungsradien verlegt werden. All diese Nachteile entfallen bei Glasfasern, die den Hohlleiter als mögliches breitbandi-
ges Weitverkehrskabel vollständig verdrängt haben. In der übrigen Mikrowel-
lentechnik hat der Hohlleiter in den verschiedensten Ausführungsformen natürlich seinen angestammten Platz.

2.5 Aufgaben

__Aufg. 2.1__ Berechnen Sie für die H-Wellen im Rechteckhohlleiter den Betrag
des Normierungsfaktors der Felder für vorgegebene Leistung P,
die in einer Welle in z-Richtung transportiert wird. Der Wellenwiderstand $\omega\mu/\beta$ und die Ordnungen m,n der Welle seien gegeben.

__Aufg. 2.2__ Welche maximale elektrische Feldstärke tritt bei der H_{10}-Welle
im Rechteckhohlleiter auf, wenn diese Welle 1 Watt transpor-
tiert? (a = 2b = 2,5 cm; f = 10 GHz)

__Aufg. 2.3__ Zeichnen Sie für einen Rechteckhohlleiter Phasenkonstante, Wellenwiderstand und Gruppengeschwindigkeit als Funktion der normierten Frequenz f/f_c auf.

__Aufg. 2.4__   Die Grenzfrequenz der H_{10}-Welle eines Rechteckhohlleiters betrage bei $\varepsilon_r = 1$ $f_{c10} = 6$ GHz. Berechnen Sie die Verschiebung der Grenzfrequenz, wenn der Hohlleiter mit Stickstoff gefüllt ist. ($\varepsilon_r = 1{,}000606$).

__Aufg. 2.5__   Wie oft werden in dem Hohlleiter nach Aufgabe 2.2 die elementaren ebenen Wellen bei 100 m Hohlleiterlänge an den Seitenwänden reflektiert?

__Aufg. 2.6__   Ein Rechteckhohlleiter ist mit Plexiglas gefüllt. Bestimmen Sie bei 1 GHz die Dämpfungskonstante der H_{10}-Welle.
Werte: $f_{c10} = 0{,}5$ GHz; $\varepsilon' = 2{,}66$; $\varepsilon'' = 8{,}5 \cdot 10^{-4}$ (bei 1 GHz)

__Aufg. 2.7__   Bestimmen Sie die Grenzfrequenz der H_{01}-Welle eines Rundhohlleiters mit 2a=10 cm Durchmesser. Um welchen Faktor ist bei 10 GHz die Dämpfungskonstante der E_{11}-Welle größer als die der H_{01}-Welle?

__Aufg. 2.8__   Wie groß ist die Dämpfungskonstante der H_{01}-Welle in Aufgabe 2.7 auf Grund endlicher Wandleitfähigkeit?
$\sigma_{Wand} = 58 \cdot 10^4$ S/cm

3 Lichtwellenleiter

3.1 Der Aufbau von Lichtwellenleitern

Von den Hohlleitern her wissen wir, daß sich die Wellen im Prinzip durch
Reflexion an den metallischen Wänden ausbreiten, die wie Spiegel wirken.
Bei Lichtwellenleitern in Form von Glasfasern kommen keine metallischen
Materialien vor. Hier nutzt man in der quasioptischen Betrachtungsweise
den Effekt der Totalreflexion elektromagnetischer Wellen an dielektrischen
Schichten aus. Mit dieser Frage werden wir uns im folgenden Abschnitt ge-
nauer beschäftigen.

Von den Hohlleitern her wissen wir weiter, daß es durchaus einen Frequenzbereich gibt, in dem nur ein Wellentyp ausbreitungsfähig ist. Nach (2.74)
und Tabelle 1 breitet sich im Rundhohlleiter bei

$$f \gtrsim f_c^{(H)} = \frac{1,84}{2\pi\,a\,\sqrt{\mu\varepsilon}}$$

nur die Grundwelle aus; im freien Raum gehört wegen $c_0 = \lambda_0 \cdot f$ dazu eine
Schwingungswellenlänge $\lambda_0 \lesssim 1,7 \cdot (2a)$. Man kann etwas pauschal daraus folgern, daß bei Querabmessungen, die in der Größenordnung der Wellenlänge λ_0
liegen, nur wenige oder sogar nur eine Welle ausbreitungsfähig ist. Beim
Hohlleiter darf die Wellenlänge allerdings nicht zu groß, beziehungsweise
die Frequenz nicht zu klein werden, weil sich sonst selbst die Grundwelle
nicht ausbreiten kann. Im Falle des Koaxialkabels entfällt diese Ein -
schränkung, denn gerade bei tiefen Frequenzen mit nur einer Welle vom
TEM-Typ benutzt man das Kabel. Bei höheren Frequenzen entstehen aber auch
wieder viele Wellentypen, ganz wie wir dies auf Grund der Querschnittsabmessungen im Verhältnis zur dann reduzierten Wellenlänge erwarten können.

Bei Lichtwellenleitern unterscheidet man nun auch zwischen Anordnungen, bei
denen nur eine Welle und Anordnungen, bei denen viele Wellen ausbreitungsfähig sind. Nach Bild 18 führt in jedem Fall ein dielektrischer Kern, umgeben von einem dielektrischen Mantel, das Licht. Mit der Definition der
Brechzahl oder des Brechungsindex

$$n = \sqrt{\varepsilon_r} \qquad\qquad (3.1)$$

muß die Brechzahl n_1 des lichtführenden Kerns stets größer als die Brechzahl n_2 des Mantels sein, damit der Kern wirkungsvoll Lichtwellen führen
kann. Dabei ist es allerdings nicht unbedingt notwendig, daß im gesamten
Mantelbereich $n_2 < n_1$ gilt. In hinreichender Entfernung von der Kern-Mantel-
Grenzschicht darf die Brechzahl des Mantels durchaus wieder größer als n_1
sein. Auf derartige Strukturen gehen wir hier aber zunächst noch nicht ein.

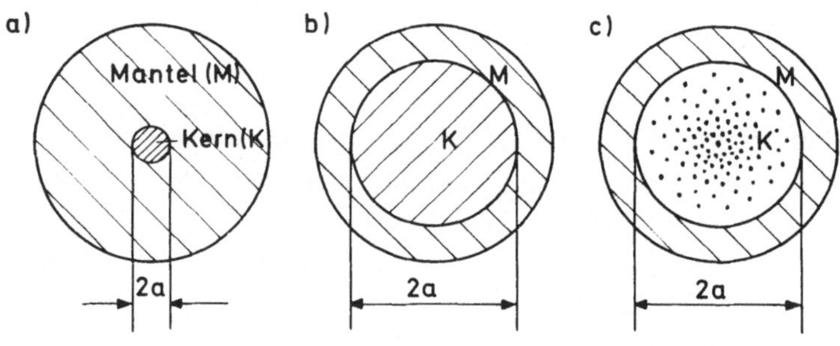

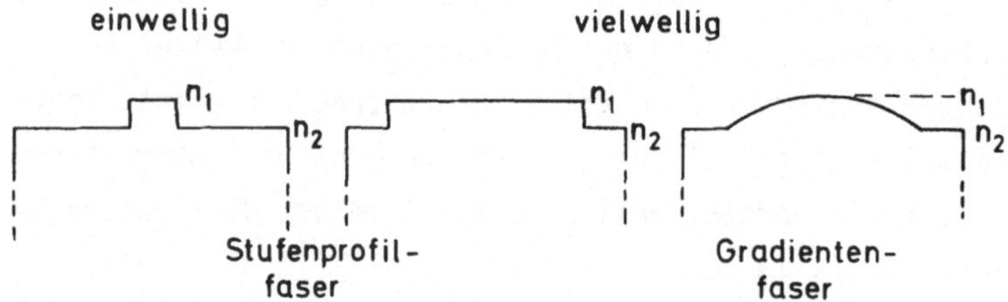

Bild 18 Querschnitt und Brechzahlprofil von Lichtwellenleitern (Glasfasern)

In der Praxis liegt die relative Brechzahldifferenz

$$\Delta_n = \frac{n_1 - n_2}{n_1} \qquad\qquad (3.2)$$

in der Größenordnung von etwa 1% und ist damit recht klein. Für alle Glasfasertypen stellt dieser Parameter eine wichtige Größe dar, die die Eigenschaften der Faser wesentlich beeinflußt.

Wenn ähnlich wie beim Hohlleiter der Kerndurchmesser 2a in der Größenordnung der Wellenlänge des Lichtes liegt, breitet sich unter Umständen nur ein Wellentyp aus. Die technisch interessanten Wellenlängen liegen im Ultrarotbereich bei λ_0 = 0,8 bis 1,6 µm. Die Kerndurchmesser einwelliger Fasern bewegen sich daher im µm-Bereich, womit einige technologische Probleme verbunden sind. Der Kern ist deshalb nach Bild 18a in einen 100-200 µm dicken Mantel eingebettet, der für hinreichende mechanische Festigkeit sorgt und mit seinem geringeren Brechungsindex die Lichtführung gewährleistet. Ohne Mantelmaterial würden die Lichtwellen prinzipiell auch an der Glas-Luft-Grenzschicht reflektiert, da dann formal n_2 = 1 wäre. In diesem Fall ist die Glasfaser aber nicht mehr optisch isoliert,und jegliche Berührung des Kerns würde ganz empfindlich die Lichtausbreitung beeinträchtigen. Aus diesem Grunde sind alle Glasfasern von einem Mantel umgeben. In Bild 18 ist auch das sich dann ergebende Brechzahlprofil mit eingetragen. Bei der Stufenprofilfaser oder Kern-Mantel-Faser verläuft das Brechzahlprofil im Kern und Mantel abschnittsweise konstant und ist an der Grenzschicht abgestuft.

Vergrößert man nun den Kerndurchmesser 2a entsprechend Bild 18b, dann können sich wie beim Rundhohlleiter mit großem Durchmesser viele Wellen ausbreiten. Einwellige und vielwellige Stufenprofilfasern unterscheiden sich bei gleichem Δ_n also nur im Kerndurchmesser voneinander, sofern wir von gleichen Betriebswellenlängen ausgehen.

Eine wirkungsvolle Lichtführung erfordert nun keineswegs einen abrupten Brechzahlübergang zwischen Kern und Mantel. Bei der vielwelligen Stufenprofilfaser reflektiert im optischen Bild eine ebene Lichtwelle an der Grenzschicht total und ändert auf dem Zick-Zack-Weg in der Glasfaser an dieser Grenzschicht auch abrupt die Richtung. Bei einem allmählichen Ober-

gang nach Bild 18c reflektiert die Welle auch nur allmählich,und der Zick-
Zack-Weg verschleift in einen geschwungenen Bahnverlauf. Wegen des graduellen Brechzahlabfalls bezeichnet man diese Glasfaser als Gradientenfaser.
Eigentlich ist jede Faser eine Gradientenfaser, weil in der Praxis
bei der Herstellung ein zunächst abgestufter Verlauf immer etwas ausdiffun-
diert. Dies gilt auch für einwellige Fasern. In der optischen Nachrichtentechnik versteht man aber unter Gradientenfasern immer nur vielwellige Fasern mit zudem etwa parabolischem Brechzahlverlauf. Wie wir später sehen
werden, weist dieser vielwellige Fasertyp ganz bemerkenswerte Eigenschaften
auf und spielt deshalb für die Nachrichtenübertragung eine große Rolle.

Die mathematische Behandlung von Lichtwellenleitern gestaltet sich durchaus schwieriger als dies bei Hohlleitern der Fall war. Selbst für eine
quasioptische Betrachtungsweise, die wir beim Hohlleiter relativ einfach
durchführen konnten, fehlen hier noch einige Grundlagen. Dazu gehören die
Reflexion ebener Wellen an dielektrischen Grenzschichten und die Ausbreitung ebener Wellen in einem Medium mit Materialdispersion. Für die Materialdispersion ist dabei die Frequenzabhängigkeit der Brechzahl verantwortlich. Zunächst wollen wir aber das Reflexionsverhalten untersuchen.

3.2 Reflexion ebener Wellen an Grenzschichten

Bevor die Reflexion ebener Wellen selbst behandelt wird, wollen wir für die
Wellengleichung (1.15) eine Lösung finden, die die Wellenausbreitung einer
ebenen Welle in eine beliebige Raumrichtung beschreibt. In kartesichen Koordinaten gilt mit (1.12) und (1.15) für den Phasor des elektrischen Feldes $\vec{\underline{E}}(x,y,z)$ die Wellengleichung

$$\left(\frac{\partial^2}{\partial x^2} + \frac{\partial^2}{\partial y^2} + \frac{\partial^2}{\partial z^2} \right) \vec{\underline{E}} + k_o^2 \vec{\underline{E}} = 0 \qquad (3.3)$$

mit

$$k_o^2 = \omega^2 \mu \varepsilon_o \varepsilon_r , \qquad (3.4)$$

wobei die Dielektrizitätskonstante ε_r des Mediums nach (3.1) auch durch
die Brechzahl ersetzt werden kann. Die Größe k_o bezeichnen wir im folgenden als Wellenzahl.

Den Lösungsansatz (1.22) für alleinige z-Abhängigkeit hatten wir in Kapitel
2.1.4 schon auf den Fall einer Wellenausbreitung in der x-z-Ebene erwei -
tert. Für den allgemeinen Fall versuchen wir daher jetzt den Ansatz

$$\vec{\underline{E}} = \vec{\underline{E}}_0 \cdot \exp\{-j(\beta_x x + \beta_y y + \beta_z z)\} = \vec{\underline{E}}_0 \exp(-j\,\vec{\beta}\,\vec{r}) \qquad (3.5)$$

mit

$$\vec{\beta} = \begin{pmatrix} \beta_x \\ \beta_y \\ \beta_z \end{pmatrix} \qquad \text{und} \qquad \vec{r} = \begin{pmatrix} x \\ y \\ z \end{pmatrix}, \qquad (3.6)$$

wobei $\vec{\beta}$ als Phasenvektor bezeichnet wird und drei Phasenkonstanten enthält.
Die Raumkoordinaten faßt der Aufpunktvektor $\vec{r}$ zusammen. Wir gehen mit diesem Ansatz (3.5) in (3.3) und finden, da sich die Exponentialfunktionen
bei der Differentiation jeweils reproduzieren, daß die Differentialglei -
chung unter der Bedingung

$$|\vec{\beta}|^2 = \beta_x^2 + \beta_y^2 + \beta_z^2 = k_0^2 \qquad (3.7)$$

erfüllt wird. Gleichung (3.7) ist wieder eine Separationsbedingung.

Bei ebenen Wellen, die sich in z-Richtung ausbreiten, sind die Ebenen z =
const. Flächen konstanter Phase. Ein Vektor, der senkrecht auf dieser Ebene steht, zeigt dann gerade die Ausbreitungsrichtung der Welle an. Im
allgemeinen Fall in (3.5) kann man die Ebene konstanter Phase durch die
Bedingung $\vec{\beta} \cdot \vec{r}$ = const. oder einfacher $\vec{\beta} \cdot \vec{r}$ = 0 festlegen. Die im letzteren Fall fehlende Konstante läßt sich in den komplexen Faktor $\vec{\underline{E}}_0$ einarbeiten. Nach den Regeln der analytischen Geometrie bescheibt $\vec{\beta} \cdot \vec{r}$ = 0 nun
eine Ebene durch den Koordinatenursprung, wobei der Vektor $\vec{\beta}$ senkrecht auf
dieser Ebene steht. Damit gibt der Phasenvektor $\vec{\beta}$ gerade die Richtung an,
in die sich die ebene Welle ausbreitet. Der Betrag des Vektors ist dabei
an die Separationsbedingung (3.7) geknüpft.

Wir untersuchen nun die Brechung einer ebenen Welle an einer Grenzschicht.
In Bild 19 fällt die Welle unter dem Winkel θ_1 zur z-Achse auf die Grenzschicht zweier unendlich ausgedehnter Halbräume. Die Dielektrizitätszahlen
der beiden Bereiche bestimmen nach (3.4) dann die jeweiligen Wellen -

zahlen

$$k_{1,2} = |\vec{\beta}_{1,2}| = \omega \sqrt{\mu \, \varepsilon_0 \varepsilon_{r1,2}} \; . \qquad (3.8)$$

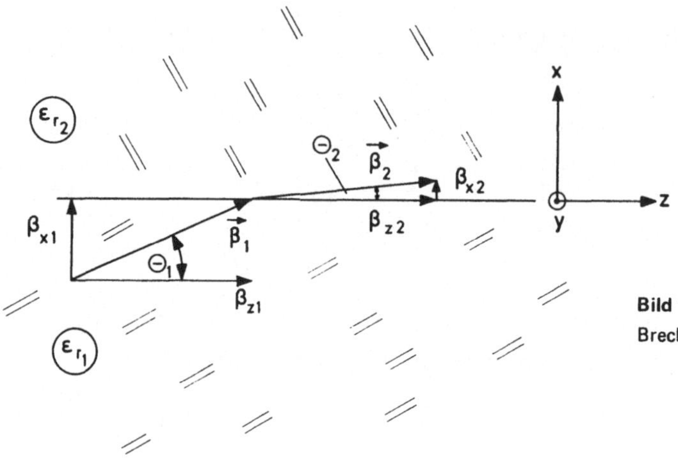

Bild 19
Brechung ebener Welle an Grenzschicht

Die z-Komponenten

$$\beta_{z_{1,2}} = k_{1,2} \cos\theta_{1,2} \qquad (3.9)$$

der Wellenvektoren stellen unsere früher mit β bezeichnete Ausbreitungskonstante in z-Richtung dar.

Wir könnten nun für beide Halbräume den Lösungsansatz (3.5) hinschreiben.
Dabei müßten die beiden Lösungen $\vec{\underline{E}}_{1,2}$ so beschaffen sein, daß die Tangentialkomponenten des elektrischen Feldes in der Grenzschicht stetig ineinander übergehen, und zwar für alle z. Ohne die Lösungen im einzelnen an-
zugeben, kann man schon feststellen, daß dies grundsätzlich nur möglich
ist, wenn die Lösungsfunktionen eine einheitliche z-Abhängigkeit aufwei-
sen. Aus diesem Grunde muß für $\vec{\underline{E}}_{1,2}$ völlig unabhängig von der Polarisation
$\beta_{z1} = \beta_{z2}$ gelten. Mit dieser Bedingung folgt aus (3.9) mit (3.8) und (3.1)
das Brechungsgesetz von Snellius

$$n_1 \cos\theta_1 = n_2 \cos\theta_2 \; . \qquad (3.10)$$

Man erkennt, daß für $n_2 < n_1$ ein bestimmter Winkel θ_{1t} existiert, für den $\theta_2 = 0$ wird. Diesen Winkel

$$\theta_{1t} \;=\; \arccos \frac{n_2}{n_1} \tag{3.11}$$

bezeichnet man als Grenzwinkel der Totalreflexion. Für $\theta_1 > \theta_{1t}$ teilt sich die einfallende Welle in einen gebrochenen und einen reflektierten Anteil auf. Unterhalb des Grenzwinkels der Totalreflexion wird, wie Aufgabe 3.1 zeigt, die Welle vollständig reflektiert. Diesen Effekt können wir aber erst verstehen, wenn nicht nur wie bislang nach den Richtungen $\theta_{1,2}$, sondern auch nach den Reflexionsfaktoren bei der Reflexion gefragt wird. Dabei spielt nun die Polarisation der Welle eine wichtige Rolle.

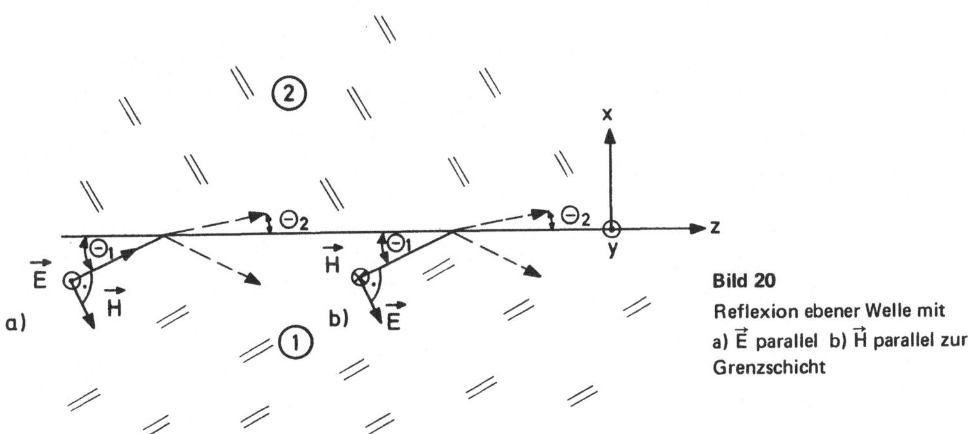

Bild 20
Reflexion ebener Welle mit
a) $\vec{E}$ parallel b) $\vec{H}$ parallel zur
Grenzschicht

Wir unterscheiden nach Bild 20 dabei zwei Fälle mit entweder $\vec{E}$ oder $\vec{H}$ parallel zur Grenzschicht. Zunächst wird der Fall in Bild 20a betrachtet.

Das einfallende Feld reflektiert an der Grenzschicht und breitet sich im übrigen nur in der x-z-Ebene aus. Da keine y-Abhängigkeit besteht, gilt in (3.5) immer $\beta_y = 0$. Außerdem existiert in dieser Gleichung für das Feld $\vec{E}_1$ im Bereich 1 nur eine y-Komponente, die sich aus der Überlagerung einer in +x-Richtung hinlaufenden und einer in -x-Richtung reflektierten Welle darstellen läßt. Hin- und rücklaufende Wellen breiten sich außerdem in z-Richtung aus. Mit $\beta_{z1} = \beta_{z2} = \beta_z$ als z-Komponente der Ausbreitungskonstanten lautet das Feld im Bereich 1 dann

$$
\vec{\underline{E}}_1 = \begin{pmatrix} 0 \\ \left[\underline{E}^{(h)} e^{-j\beta_{x1}x} + \underline{E}^{(r)} e^{j\beta_{x1}x} \right] \cdot e^{-j\beta_z z} \\ 0 \end{pmatrix} , \qquad (3.12)
$$

wobei $\beta_{x1,2}$ nach Bild 19 aus

$$
\beta_{x1,2} = k_{1,2} \sin\theta_{1,2} \qquad (3.13)
$$

folgt. Im nächsten Schritt wollen wir nun den Reflexionsfaktor

$$
\underline{r}_e = \underline{E}^{(r)} / \underline{E}^{(h)} \qquad (3.14)
$$

als Verhältnis des reflektierten elektrischen Feldes zum einfallenden
elektrischen Feld bestimmen, indem wir die Stetigkeitsbedingung an der
Grenzschicht ausnutzen. Im Bereich 2 existiert nur eine gebrochene hinlaufende Welle, die wir in der Form

$$
\vec{\underline{E}}_2 = \begin{pmatrix} 0 \\ \underline{E}^{(g)} e^{-j\beta_{x2}x} \cdot e^{-j\beta_z z} \\ 0 \end{pmatrix} \qquad (3.15)
$$

schreiben. Aus der Bedingung, daß bei $x = 0$ die y-Komponenten in (3.12)
und (3.15) stetig ineinander übergehen, folgt

$$
\underline{E}^{(g)} = \underline{E}^{(r)} + \underline{E}^{(h)} . \qquad (3.16)
$$

Man sieht außerdem an dieser Stelle, daß die Randbedingung nur für ein -
heitliches β_z zu erfüllen ist. Dies hatten wir schon oben festgestellt.
Nun müssen wir noch die magnetischen Feldkomponenten anpassen. Dazu setzen
wir das elektrische Feld für den jeweiligen Bereich in (2.11) ein, wobei
für den Bereich 1 $\partial/\partial x = -j\beta_{x1}$, für den Bereich 2 $\partial/\partial x = -j\beta_{x2}$ und für
beide Bereiche $\partial/\partial z = -j\beta_z$ zu setzen ist. Wir erhalten dann in einfacher
Weise die magnetischen Feldkomponenten. An der Anpaßstelle bei $x = 0$ ergibt sich dann für die jeweiligen Bereiche

$$\vec{\underline{H}}_1\,(x=0) \;=\; \frac{-1}{j\omega\mu}\begin{pmatrix} j\beta_z\,(\,\underline{E}^{(h)} + \underline{E}^{(r)}\,) \\[2mm] 0 \\[2mm] j\beta_{x1}(-\underline{E}^{(h)} + \underline{E}^{(r)}\,) \end{pmatrix} e^{-j\beta_z z} \qquad (3.17)$$

und

$$\vec{\underline{H}}_2\,(x=0) \;=\; \frac{-1}{j\omega\mu}\begin{pmatrix} j\beta_z\,\underline{E}^{(g)} \\[2mm] 0 \\[2mm] -j\beta_{x2}\,\underline{E}^{(g)} \end{pmatrix} \cdot\; e^{-j\beta_z z} \qquad (3.18)$$

Die z-Komponenten des magnetischen Feldes müssen als Tangentialkomponenten
die Stetigkeitsbedingung erfüllen. Es muß also die weitere Beziehung

$$\beta_{x1}\,(\,\underline{E}^{(h)} - \underline{E}^{(r)}\,) \;=\; \beta_{x2}\,\underline{E}^{(g)} \qquad (3.19)$$

gelten. Aus (3.19) und (3.16) folgt nun der Reflexionsfaktor nach (3.14)
zu

$$\underline{r}_e \;=\; \frac{\beta_{x1} - \beta_{x2}}{\beta_{x1} + \beta_{x2}}\;. \qquad (3.20)$$

Mit $\beta_{x1,2}$ aus (3.13) und unter Benutzung des Brechungsgesetzes (3.10) bestimmen wir mit (3.4) dann den Reflexionsfaktor des elektrischen Feldes
für die Polarisation nach Bild 20a zu

$$\underline{r}_e \;=\; \frac{\underline{E}^{(r)}}{\underline{E}^{(h)}} \;=\; \frac{\sin\theta_1 - \left[\dfrac{\varepsilon_{r2}}{\varepsilon_{r1}} - \cos^2\theta_1\right]^{1/2}}{\sin\theta_1 + \left[\dfrac{\varepsilon_{r2}}{\varepsilon_{r1}} - \cos^2\theta_1\right]^{1/2}} \qquad (3.21)$$

und für die andere Polarisation in Bild 20b in ähnlicher Weise den Re -
flexionsfaktor

$$\underline{r}_m \;=\; \frac{\underline{H}^{(r)}}{\underline{H}^{(h)}} \;=\; \frac{\sin\theta_1 - \dfrac{\varepsilon_{r1}}{\varepsilon_{r2}}\left[\dfrac{\varepsilon_{r2}}{\varepsilon_{r1}} - \cos^2\theta_1\right]^{1/2}}{\sin\theta_1 + \dfrac{\varepsilon_{r1}}{\varepsilon_{r2}}\left[\dfrac{\varepsilon_{r2}}{\varepsilon_{r1}} - \cos^2\theta_1\right]^{1/2}} \qquad (3.22)$$

des magnetischen Feldes. Die obigen Formeln gelten nicht nur im optischen
Bereich, denn hinsichtlich der Frequenz haben wir keine Einschränkungen
getroffen, sondern ganz allgemein für ebene elektromagnetische Wellen.
Mit Hilfe obiger Gleichungen lassen sich daher zum Beispiel auch die am
Erdboden oder an anderen Hindernissen reflektierten Wellen eines Radarge-
rätes bestimmen. Im Falle verlustloser Dielektrika ist die Dielektrizitätszahl reell; bei Materialien mit einer Leitfähigkeit σ oder anderweitigen
dielektrischen Verlusten führt man eine komplexe Dielektrizitätszahl ein.
Bei Metallen mit sehr großer Leitfähigkeit nimmt ε_r nahezu einen rein
imaginären Wert an. Totalreflexion erhalten wir bei Dielektrika und einem
Einfallswinkel θ_1, der so klein ist, daß das Argument der Wurzel negativ
wird. Der Betrag der Reflexionsfaktoren ist damit immer eins. All diese
Sonderfälle sind Gegenstand der Obungsaufgaben 3.1 bis 3.3 .

Die Anordnung nach Bild 20 läßt sich zu einer dielektrischen Leitung er-
gänzen, indem auch auf der Unterseite eine gleichartige Grenzschicht ange-
bracht wird. Damit die Wellen aber allseitig geführt werden, muß der licht-
führende Bereich auch allseitig von einem Medium mit kleinerer Brechzahl
umgeben sein. Genau diese Verhältnisse realisiert man bei Glasfasern. Wir
wissen allerdings schon von den Hohlleitern her, daß dann die Phasenkonstante $\beta = \beta_z$ auch nur bestimmte Werte annehmen kann, nämlich nur solche,
für die sich die hin- und rücklaufenden Wellen in radialer und azimutaler
Richtung zu stehenden Wellen überlagern, die sich dann in z-Richtung ausbreiten.

Bevor dieses Problem erörtert wird, wollen wir erst den Einfluß der Fre-
quenzabhängigkeit der Brechzahl auf die Ausbreitungseigenschaften ebener
Wellen untersuchen. Hierbei handelt es sich um einen Effekt, der bei
Hohlleitern nicht vorkommt, denn dort gilt stets $\varepsilon_r \approx 1$, solange nur der
Hohlleiter mit einem Gas gefüllt ist.

Bei dieser Gelegenheit wollen wir, um von Anfang an Mißverständnissen zur
Funktionsweise der hier behandelten optischen Obertragungsverfahren zu begegnen, auch den Einfluß dieser Materialdispersion auf die Signalübertragung diskutieren. Die Behandlung dieser Frage schon an dieser Stelle ist
nicht nur wegen des besseren Verständnisses der dann folgenden Kapitel
sinnvoll, sondern auch einfach deshalb, weil es Glasfasern gibt, bei denen praktisch nur Materialdispersion vorkommt.

3.3 Materialdispersion ebener Wellen

Bei allen bisherigen Betrachtungen waren wir von einem Brechungsindex n beziehungsweise von einer Dielektrizitätszahl ε_r ausgegangen, die unabhängig von der Frequenz ist. Wegen der Frequenzabhängigkeit der Polarisierbarkeit wird nun aber die Dielektrizitätskonstante von der Frequenz abhängen. Dieser Effekt ist vom Prisma her wohl bekannt, das die verschiedenen Spektralkomponenten von weißem Licht auf Grund des wellenlängenabhängigen Brechungsindex in unterschiedliche Richtungen bricht. Für unsere Betrachtungen spielt nun die durch diese Frequenzabhängigkeit in (1.23) auftretende Dispersion eine Rolle. Da es sich hierbei um einen reinen Materialeffekt handelt, spricht man von Material- oder Stoffdispersion.

Eine frequenzabhängige Brechzahl können wir nun nachträglich in allen Gleichungen berücksichtigen, sofern nicht im Zuge der Rechnungen Differentiationen nach ω aufgetreten sind. Solche Ableitungen bilden wir aber erst, wenn wir aus der Phasenkonstanten β die Gruppengeschwindigkeit nach (1.29) berechnen. Die gesamte Lösung der Feldprobleme wird von dieser Frage daher nicht berührt. Wir wollen in diesem Abschnitt nun eine solche Frequenzabhängigkeit $\varepsilon(f)$ beziehungsweise Wellenlängenabhängigkeit $\varepsilon(\lambda)$ am Beispiel ebener Wellen in einem unendlich ausgedehnten Glasblock untersuchen.

Mit der Phasenkonstanten β nach (1.23), sowie (1.29) und (1.30) lautet die uns interessierende Gruppenlaufzeit

$$\tau(f) \;=\; \frac{L}{c_0}\, N(f) \tag{3.23}$$

mit

$$N(f) \;=\; \frac{d(f \cdot n)}{df} \; . \tag{3.24}$$

Die Größe $N(f)$ bezeichnet man als Gruppenindex. Für frequenzunabhängigen Brechungsindex n geht nach (3.24) der Gruppenindex N wieder in den Brechungsindex n über. Tatsächlich tritt aber diese Frequenzabhängigkeit auf, und die Welle erfährt die in (3.23) angegebene Gruppenlaufzeit, die durch den Gruppenindex N und nicht mehr wie früher durch den Brechungsindex n bestimmt wird.

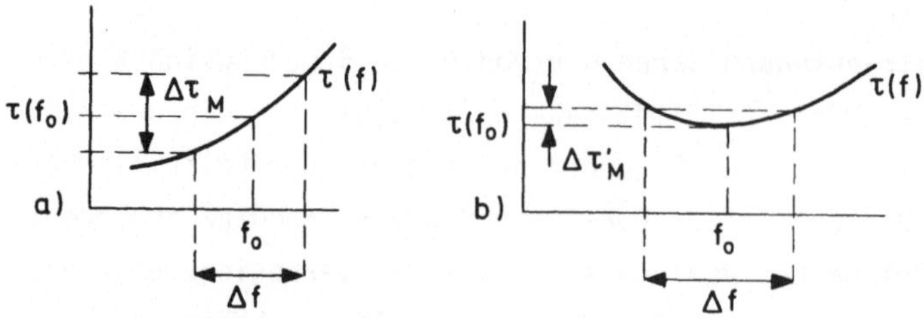

Bild 21 Laufzeit ebener Wellen in Quarz
a) $\lambda_0 = c_0/f_0 \simeq 0{,}85\,\mu m$ b) $\lambda_0 \simeq 1{,}3\,\mu m$

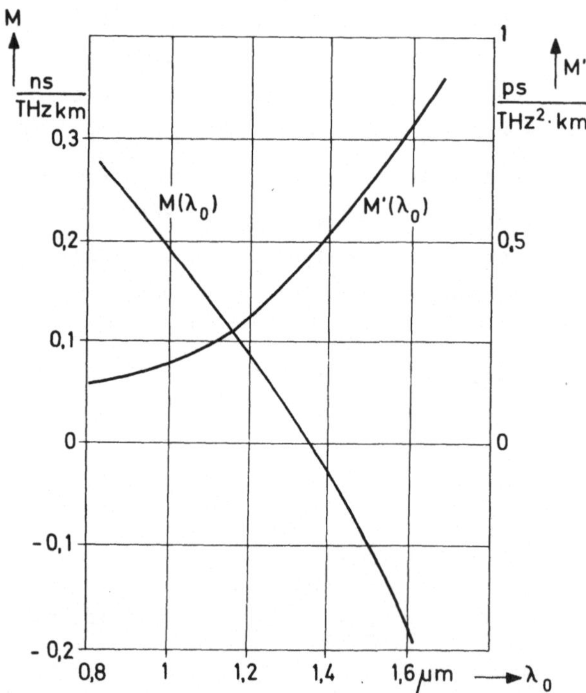

Bild 22

Materialdispersionsfaktoren 1. und 2. Ordnung für GeO_2-dotiertes Quarz (typischer Verlauf)

Materialdispersion kann sich nun recht störend bemerkbar machen, wenn eine
Lichtquelle nicht monochromatisch emittiert, sondern vielmehr ein Spektral-
gemisch aussendet, das auf der Frequenzachse um eine Mittenfrequenz f_0 ein
gewisses Frequenzband Δf belegt. Im nahen Ultrarotbereich mit f = 300 THz
entsprechend λ_0 = 1 μm emittieren lichtemittierende Dioden (LED) immerhin
mit Breiten der Spektralverteilung von 10-20 THz, Halbleiterlaser mit Breiten bis zu 1 THz. Prinzipiell erwartet man bei f_0 zusätzlich noch ein Mo-
dulationsband, wenn die Lichtquelle über den Strom moduliert wird. Aber
selbst bei Modulationsfrequenzen bis in den Gigahertzbereich hinein ist
eine Verbreiterung durch Modulation in den meisten Fällen gegenüber der
obigen natürlichen Emissionsbandbreite vernachlässigbar klein.Dennoch werden wir in Kapitel 3.4.4 den allgemeinen Fall der Modulation partiell ko-
härenter Wellen behandeln und damit ganz extreme Fälle erfassen.

Ebene Wellen erfahren also nach (3.23) je nach Frequenz f eine unterschiedliche Gruppenlaufzeit. Diese Laufzeitcharakteristik wollen wir nun durch
eine Taylorreihe parabolisch approximieren. Mit f_0 als Bezugsfrequenz
kann man dann schreiben

$$\tau(f) - \tau(f_0) = \left.\frac{d\tau}{df}\right|_{f_0} (f - f_0) + \frac{1}{2} \left.\frac{d^2\tau}{df^2}\right|_{f_0} (f - f_0)^2, \qquad (3.25)$$

wobei $\tau(f) - \tau(f_0)$ die Laufzeitdifferenz einer ebenen Welle mit der Frequenz f gegenüber einer Welle mit der Frequenz f_0 angibt. Nach Bild 21 a
streut die Laufzeit innerhalb $\Delta f = 2(f-f_0)$ um den Betrag $\Delta\tau_M$. Mit (3.25)
gilt für diese Laufzeitunterschiede dann in einer linearen Näherung

$$\Delta\tau_M = M L \Delta f , \qquad (3.26)$$

wobei M ein Materialdispersionsfaktor 1. Ordnung ist und die Steigung der
Laufzeitkurve angibt. Wegen (3.23) und (3.24) gilt

$$M(f_0) = \frac{1}{L} \left.\frac{d\tau}{df}\right|_{f_0} = \frac{1}{c_0} \left.\frac{d^2(f \cdot n)}{df^2}\right|_{f_0} . \qquad (3.27)$$

Dieser Materialdispersionsfaktor wird in Quarzglas je nach Dotierung bei
Lichtwellenlängen im Bereich um 1,2 bis 1,4 μm null. Bild 22 zeigt einen

typischen Verlauf als Funktion der Wellenlänge λ_0 in Vakuum.

Im Nulldurchgang der Kurve $M(f_0)$ beziehungsweise $M(\lambda_0)$ nimmt die Laufzeit
einen Extremwert an. Nach Bild 21b streuen die Laufzeiten jetzt nur noch
innerhalb eines Wertes $\Delta\tau_M'$, der für gleiches Δf bedeutend kleiner als $\Delta\tau_M$
ist. Nach (3.25) verbleibt bei verschwindender 1. Ableitung nur noch eine
Laufzeitdifferenz 2. Ordnung

$$\Delta\tau_M' \;\; = \;\; M' \; L \; \Delta f^2 \tag{3.28}$$

zwischen den Spektralkomponenten. Dabei bezeichnen wir

$$M' \;\; = \;\; \frac{1}{8\,L} \; \frac{d^2\tau}{df^2}\bigg|_{f_0} \;\; = \;\; \frac{1}{8\,c_0} \; \frac{d^3(f\cdot n)}{df^3}\bigg|_{f_0} \tag{3.29}$$

als Materialdispersionsfaktor 2. Ordnung, für den in Bild 22 ebenfalls der
entsprechende Verlauf eingezeichnet ist.

Im Bereich der Wellenlängen des GaAs-Lasers oder der GaAs-LED gilt immer
die Gleichung (3.26) mit typischen Werten $M = 0,2$ bis $0,3$ ns/THz km in
Quarz. Wegen der linearen Abhängigkeit der Laufzeitdifferenz von Δf, erhält
man bei LED für die oben angegebenen Werte der Emissionsbandbreite etwa
10 mal größere Werte für $\Delta\tau_M$ als dies bei Halbleiterlaser der Fall ist.

Ersetzt man die tatsächlichen Spektralverteilungen zur Abschätzung der
Größenordnungen durch flächengleiche Rechteckverteilungen der effektiven
Breite Δf, dann ergeben sich bei $\lambda_0 = 0,85$ µm folgende Laufzeitunterschiede
innerhalb Δf:

$$
\begin{array}{llll}
\text{Halbleiter-} \\[-2pt]
\text{laser mit} & \Delta f = \;\; 1 \text{ THz} \; : & \dfrac{\Delta\tau_M}{L} \approx 0,3 \text{ ns/km} \\[12pt]
\text{LED mit} & \Delta f = 10\text{-}20 \text{ THz} \; : & \dfrac{\Delta\tau_M}{L} \approx 3\text{-}6 \text{ ns/km} \; .
\end{array}
\tag{3.30}
$$

Im Bereich um $\lambda_0 = 1,3$ µm verschwindet mit $M = 0$ die Materialdispersion in
1. Näherung. Dann gilt (3.28), wobei nach Bild 22 ein Wert $M' = 0,4 \; \dfrac{\text{ps}}{\text{THz}^2\text{km}}$
als typisch gelten kann. Hier geht die Bandbreite Δf quadratisch

ein, und man erhält anstelle von (3.30)

$$\frac{\Delta\tau'_M}{L} = \begin{cases} 0,4 \text{ ps/km} & \text{Halbleiter-laser} \\ \\ 40\text{-}160 \text{ ps/km} & \text{LED} \end{cases} \quad , \quad (3.31)$$

wenn wir wieder von den in (3.30) angegebenen Breiten Δf ausgehen.

Dieser Wellenlängenbereich um 1,3 µm ist nicht nur wegen der extrem geringen Materialdisperison von besonderem Interesse, sondern auch deshalb, weil
Lichtwellenleiter aus Quarzglas bei diesen Wellenlängen sehr geringe Verluste aufweisen. Im folgenden soll bereits etwas ausführlicher, wenn auch
nur qualitativ, der Einfluß der Materialdispersion auf die Signalübertragung besprochen werden, um so das weitere Verständnis der Vorgänge in
Glasfasern zu erleichtern.

Die hier am Beispiel ebener Wellen diskutierte Materialdispersion überlagert sich im Wellenleiter der bekannten Wellenleiterdispersion. Es gibt
aber durchaus auch Fälle, bei denen die Materialdispersion die Wellenleiterdispersion deutlich überwiegt. Dann erfahren die angeregten Wellen
einfach eine Gruppenlaufzeit, die für jede Spektralkomponente f aus (3.25)
berechnet werden kann.

In der gesamten Kabeltechnik bis hin zu den Hohlleitern bestimmt eine solche Laufzeitcharakteristik τ(f) die Obertragungseigenschaften des Kabels.
Für Hohlleiter hatten wir Gleichung (2.42) abgeleitet. Die in den Seiten-
bändern der modulierten (kohäranten) Trägerschwingung enthaltenen Signale
werden durch diese Laufzeitcharakteristik verzerrt. Bei Glasfasern mit
dominierender Materialdispersion wird τ(f) einfach durch (3.25) beschrieben. Es liegen also ganz analoge Verhältnisse vor, wenn hier ebenfalls eine kohärente Trägerwelle bespielsweise in der Amplitude oder Phase moduliert wird. Die Modulationsbandbreite bestimmt in diesem Fall die Größe
Δf in (3.26). Bei einem 100 GHz breiten Band ergäben sich bei λ_0 = 0,85 µm
dann nur Laufzeitunterschiede von 30 ps/km aufgrund von Materialdispersion.
In der Praxis gibt es aber solche Modulationeinrichtungen noch nicht. Man
benutzt bei Lichtwellenleitern ganz im Gegensatz zur sonstigen Kabel -
technik keine kohärenten Trägerwellen, sondern,wie oben angegebenen, die

Lichtwellen von Halbleiterlaser und LED, bei denen sich das ohnehin sehr
breite Emissionsspektrum durch Modulation oft kaum verbreitert. Hier bestimmt meist die natürliche Emissionsbandbreite die Laufzeitunterschiede,
die die unterschiedlichen Spektralkomponenten des in die Faser eingekoppelten Lichtes in der jeweiligen Welle erfahren. Im allgemeineren Fall muß
bei einer herausgegriffenen Welle auch die Wellenleiterdispersion berücksichtigt werden. An den obigen qualitativen Überlegungen ändert sich dabei aber nichts, weil die Laufzeitkurve $\tau(f)$ nach (3.25) dann nur durch
eine allgemeinere Beziehung ersetzt wird, die beide Effekte erfaßt. Mit
dieser Frage werden wir uns noch beschäftigen, wenn die Phasenkonstante
des Wellenleiters bestimmt wurde.

Bei vielwelligen Fasern kommt als weiterer wesentlicher Effekt hinzu, daß
in der $\tau(f)$-Kurve für feste Frequenz die Steigung der Kurven und damit die
Gruppenlaufzeit von Welle zu Welle variiert. Bei Hohlleitern würde man denselben Effekt beobachten, sofern mehrere Wellen ausbreitungsfähig sind.
Da sich die in den Wellenleiter eingekoppelte Leistung in der Regel auf
alle ausbreitungsfähigen Wellen aufteilt, erscheinen die Teilleistungen
wegen der unterschiedlichen Gruppenlaufzeiten der Wellen zu unterschiedlichen Zeiten am Kabelende. Bei Hohlleitern bedämpft man die Störwellen oder
sorgt für Einwelligkeit durch geeignete Wahl der Querschnittsabmessungen.
Bei Glasfasern greift man nur zur letzteren Möglichkeit, wenn die Laufzeitunterschiede zwischen den Wellen für den Anwendungszweck zu groß sind. Die
Unterdrückung von Störwellen scheitert in der Praxis immer wieder an
Steckerübergängen und anderen Diskontinuitäten, die letztlich doch immer
wieder alle ausbreitungsfähigen Wellen anregen.

Geht man beispielweise von einer PCM-Übertragung aus, dann ist die Grenze
für die maximal zulässige Folgefrequenz der Lichtimpulse bei einem einwelligen Glasfaserkabel bei gegebener Laufzeitcharakteristik $d\tau/df$ wegen
des relativ inkohärenten Trägers durch die natürliche Emissionsbandbreite B_e bestimmt. Die maximalen Laufzeitunterschiede zwischen den Spektralkomponenten bestimmen sich dann aus $B_e \cdot d\tau/df$. Bei einem Koaxialkabel oder
einem Hohlleiter gilt umgekehrt $B_e \ll B_m$, und die Modulationsbandbreite B_m
bestimmt die Laufzeitunterschiede, die die Spektralkomponenten erfahren.
Diese Unterschiede sind zu bedenken, wenn eine Erklärung für die große
Übertragungskapazität von Glasfasern gesucht wird. Im folgenden wollen wir
das Feldproblem lösen, um die Wellenleiterdispersion angeben zu können.

Relativ überschaubar sind dabei die Verhältnisse bei der einwelligen Faser
oder bei Fasern mit nur wenigen Wellen. Wir müssen ganz ähnlich wie beim
Hohlleiter die Felder ansetzen, die Randbedingungen erfüllen und daraus eine Bedingung für die Phasenkonstante gewinnen. Durch Differentiation folgt
dann wieder die Gruppenlaufzeit. Wenn wir dabei gleichzeitig die Frequenzabhängigkeit der Brechzahl berücksichtigen, erfassen wir die Dispersions-
anteile des Wellenleiters und die des Materials. Bei vielwelligen Fasern
bleibt das Verfahren anwendbar, allerdings ist es wegen der Vielzahl der
Wellen völlig unpraktikabel. Für diesen Fall werden wir andere Methoden
entwickeln, die mit der Strahlenoptik eine gewisse Ähnlichkeit haben, damit aber keineswegs zu verwechseln sind.

3.4   Lichtleitfasern mit wenigen Wellen
3.4.1 Modell der Stufenprofilfaser

Bild 23 zeigt das Modell der Stufenprofilfaser, das wir unseren Berechnungen
zugrunde legen wollen. Der Mantel mit
der Brechzahl n_2 sei unendlich ausge-
dehnt; alle Materialien nehmen wir ver-
lustfrei an. Für die mathematische Behandlung benötigen wir im folgenden sowohl zylindrische als auch kartesische
Koordinaten.

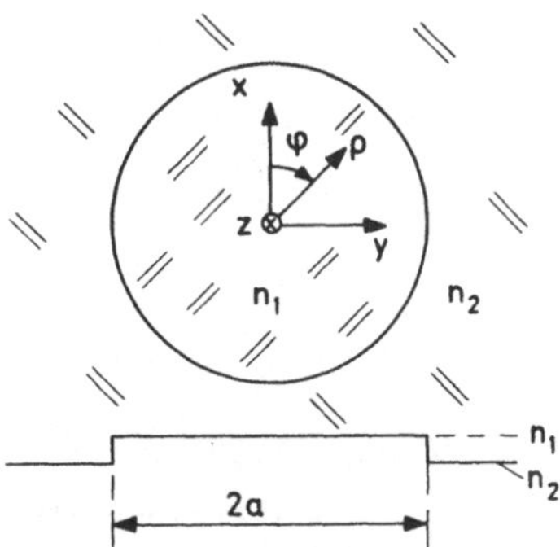

Bild 23 Modell der Stufenprofilfaser mit
unendlich ausgedehntem Mantel

3.4.2 Exakte Lösung und Näherung mit linear polarisierten Wellen

Zur exakten Berechnung der Wellen der Stufenprofilfaser gehen wir von der
Lösung (2.62) der Wellengleichung (2.53) für die z-Komponenten der Phasoren $\vec{E}$ und $\vec{H}$ aus. Diese Lösungen gelten für homogene Stoffverteilung, so
wie sie hier auf der einen Seite im Kern und auf der anderen Seite im Mantel vorliegt. Dabei ist allerdings zu bedenken, daß unter Umständen anstelle der Besselfunktion eine andere Zylinderfunktion treten muß.

In (2.62) ist als Zylinderfunktion für den Hohlleiterbereich $0 < \rho \leq a$
die oszillierende Besselfunktion $J_\ell(k_\rho \rho)$ angegeben. Im Kernbereich der Faser oszilliert die Feldfunktion ebenfalls innerhalb $0 < \rho \leq a$, wobei wir

nun $J_\nu(k_\rho \rho)$ schreiben und mit ν die Umfangsordnung der hier behandelten
exakten Wellen bezeichnen. Die Konstante k_ρ ergibt sich aus (2.61), wobei
für Glasfasern jetzt im Kern die Wellenzahl k_o durch die Wellenzahl

$$k_1 = \omega \sqrt{\mu_o \varepsilon_o}\; n_1 = k_{oo}\, n_1 \quad \text{mit } k_{oo} = \omega \sqrt{\mu_o \varepsilon_o} \qquad (3.32)$$

zu ersetzen ist. Mit der Abkürzung

$$U = a \sqrt{k_1^2 - \beta^2} = a\, k_{oo} \sqrt{n_1^2 - (\beta/k_{oo})^2} \qquad (3.33)$$

erhält die Besselfunktion dann das Argument $U \rho/a$.

Während das Feld im Faserkern entsprechend $J_\nu(U\rho/a)$ oszilliert, fällt es
im Fasermantel ähnlich einer Exponentialfunktion gegen null ab. In diesem
Bereich gilt in (2.61) für die Wellenzahl k_o nun

$$k_2 = \omega \sqrt{\mu_o \varepsilon_o}\; n_2 = k_{oo}\, n_2 \; . \qquad (3.34)$$

In der Lösung (2.62) ist als Zylinderfunktion dann anstelle der Besselfunktion die modifizierte Hankelfunktion $K_\nu(W\rho/a)$ zu nehmen, die für
große Argumente das notwendige asymptotische Verhalten gegen null zeigt.
Der Parameter W im Argument der Funktion ist dabei durch

$$W = a \sqrt{\beta^2 - k_2^2} = a\, k_{oo} \sqrt{(\beta/k_{oo})^2 - n_2^2} \qquad (3.35)$$

festgelegt. Die Konstante k_ρ^2 in (2.61) wird für diesen Lösungsast negativ
und das Argument der in (2.62) angegebenen Besselfunktion imaginär. Ähnlich wie die trigonometrische Funktion mit imaginärem Argument in eine
Exponentialfunktion übergeht, so entsteht aus der Besselfunktion die der
Exponentialfunktion verwandte modifizierte Hankelfunktion. Die Phasenkonstante β können wir nun bestimmen, indem wir die Randbedingungen für die
Felder erfüllen.

Bei dielektrischen Grenzschichten müssen die tangentialen elektrischen
und magnetischen Feldkomponenten die Stetigkeitsbedingung erfüllen. In
diesem Fall müssen wir also $\underline{E}_\varphi, \underline{H}_\varphi, \underline{E}_z$ und $\underline{H}_z$ aneinander anpassen. Um das

etwas einfacher zu gestalten, wählen wir den Ansatz für die z-Komponenten $\underline{E}_z$ und $\underline{H}_z$ gleich so, daß diese Komponenten bereits bei $\rho=a$ angepaßt sind. Mit $\underline{A}$ und $\underline{B}$ als komplexe Konstanten lautet der Ansatz dann für den Kernbereich

$$\underline{E}_z^{(1)} = \underline{A} \frac{J_\nu(U\,\rho/a)}{J_\nu(U)} \left\{ \begin{array}{c} \sin\nu\varphi \\ \cos\nu\varphi \end{array} \right\} e^{-j\beta z}$$

und $\hspace{10cm}$ (3.36)

$$\underline{H}_z^{(1)} = \underline{B} \frac{J_\nu(U\,\rho/a)}{J_\nu(U)} \left\{ \begin{array}{c} \cos\nu\varphi \\ -\sin\nu\varphi \end{array} \right\} e^{-j\beta z}$$

und für den Mantelbereich

$$\underline{E}_z^{(2)} = \underline{A} \frac{K_\nu(W\,\rho/a)}{K_\nu(W)} \left\{ \begin{array}{c} \sin\nu\varphi \\ \cos\nu\varphi \end{array} \right\} e^{-j\beta z}$$

und $\hspace{10cm}$ (3.37)

$$\underline{H}_z^{(2)} = \underline{B} \frac{K_\nu(W\,\rho/a)}{K_\nu(W)} \left\{ \begin{array}{c} \cos\nu\varphi \\ -\sin\nu\varphi \end{array} \right\} e^{-j\beta z}$$

Bezüglich der Umfangsabhängigkeit $\cos\nu\varphi$ und $\sin\nu\varphi$ wurde gleich so angesetzt, daß $\underline{H}_z \sim \partial\underline{E}_z/\partial\varphi$ und $\underline{E}_z \sim \partial\underline{H}_z/\partial\varphi$ gilt. Ein Blick auf die z-Komponenten in (2.64) und (2.65) mit den Querkomponenten nach (2.66) bis (2.69) legt diesen Ansatz nahe, denn dann treten bei allen Summanden einer Komponente nur cos- oder sin-Terme auf, wodurch die Anpassung der anderen Feldkomponenten erst ermöglicht wird.

Nachdem die Bedingungen $\underline{E}_z^{(1)} = \underline{E}_z^{(2)}$ und $\underline{H}_z^{(1)} = \underline{H}_z^{(2)}$ an der Grenzschicht bereits durch die Wahl der Vorfaktoren in (3.36) und (3.37) erfüllt sind, haben wir nur noch die φ-Komponenten aus den z-Komponenten zu berechnen und dann anzupassen.

Wir hatten dazu schon im Zusammenhang mit den Hohlleitern aus den Maxwellschen Gleichungen die Gleichungen (2.68) und (2.69) hergeleitet. Hier ist für die jeweiligen Bereiche k_0 durch $k_{1,2}$ und ε durch $\varepsilon_0\, n_{1,2}^2$ zu ersetzen. An der Stelle $\rho=a$ ergibt sich dann mit

$$J = J_\nu(U) \;,\quad J' = J'_\nu(U) \;,$$

$$K = K_\nu(W) \;\;\text{und}\;\; K' = K'_\nu(W) \;,$$

$$(3.38)$$

wobei der Strich die Ableitung der Zylinderfunktion nach dem Argument bedeutet,

$$\underline{E}^{(1)}_\varphi\Big|_a = \frac{-j}{(U/a)^2}\left[\frac{\beta}{a}\,\nu\,\underline{A} - \omega\mu\,\underline{B}\,\frac{\frac{U}{a}J'}{J}\right]\begin{Bmatrix}\cos\nu\varphi\\-\sin\nu\varphi\end{Bmatrix}e^{-j\beta z}\;,$$

$$\underline{E}^{(2)}_\varphi\Big|_a = \frac{j}{(W/a)^2}\left[\frac{\beta}{a}\,\nu\,\underline{A} - \omega\mu\,\underline{B}\,\frac{\frac{W}{a}K'}{K}\right]\begin{Bmatrix}\cos\nu\varphi\\-\sin\nu\varphi\end{Bmatrix}e^{-j\beta z}\;,$$

$$(3.39)$$

$$\underline{H}^{(1)}_\varphi\Big|_a = \frac{-j}{(U/a)^2}\left[\frac{-\beta}{a}\,\nu\underline{B} + \omega\varepsilon_o n_1^2\,\underline{A}\,\frac{\frac{U}{a}J'}{J}\right]\begin{Bmatrix}\sin\nu\varphi\\\cos\nu\varphi\end{Bmatrix}e^{-j\beta z}\;,$$

$$\underline{H}^{(2)}_\varphi\Big|_a = \frac{j}{(W/a)^2}\left[\frac{-\beta}{a}\,\nu\underline{B} + \omega\varepsilon_o n_2^2\,\underline{A}\,\frac{\frac{W}{a}K'}{K}\right]\begin{Bmatrix}\sin\nu\varphi\\\cos\nu\varphi\end{Bmatrix}e^{-j\beta z}\;.$$

Wegen der Stetigkeitsbedingung ist die Differenz der ersten beiden und
der letzten beiden Gleichungen null. Es ergibt sich damit sofort eine ho-
mogenes Gleichungssystem für die Konstanten $\underline{A}$ und $\underline{B}$. Nichttriviale Lö -
sungen existieren nur, wenn die Koeffizientendeterminante verschwindet.
Nach kurzer Zwischenrechnung findet man dann die Bedingung

$$\left[\frac{J'}{U\,J} + \frac{K'}{W\,K}\right]\left[n_1^2\frac{J'}{U\,J} + n_2^2\frac{K'}{W\,K}\right] = \nu^2\frac{\beta^2}{k_{oo}^2}\left[\frac{1}{U^2} + \frac{1}{W^2}\right]^2. \quad (3.40)$$

Gleichung (3.40) ist die charakteristische Gleichung der Stufenprofilfaser
zur Bestimmung der normierten Phasenkonstanten β/k_{oo}. Die Parameter U und
W hängen nach (3.33) und (3.35) von β ab, wobei nach (3.32) und (3.34)
$k_{1,2} = k_{oo}\cdot n_{1,2}$ ist.

Gleichung (3.40) ist eine komplizierte transzendente Gleichung zur Bestimmung von β/k_{oo}. Zur numerischen Lösung müssen die Umfangsordnung ν der Welle, das Produkt $ak_{oo} = 2\pi a/\lambda_o$ sowie die Brechzahlen n_1 und n_2 vorgegeben werden. Mit einem Startwert für U berechnet man aus (3.33) β/k_{oo}, aus (3.35) dann W und aus (3.38) die Funktionswerte der Zylinderfunktionen. Mit diesen Werten prüft man, ob (3.40) erfüllt wird. Durch geeignete Korrektur des Startwertes U findet man in einem numerischen Verfahren dann nacheinander eine Folge von Werten U, die die charakteristische Gleichung erfüllen und die wir mit p = 1,2,3... durchnumerieren wollen. Der Index ν im Feldansatz gibt dabei die Umfangsordnung und die ganze Zahl p jetzt die radiale Ordnung der Welle an. Wenn einmal die richtigen Werte U gefunden wurden, ist damit auch das dazu gehörende $\beta_{\nu p}/k_{oo}$ bekannt. Für einen vorgegebenen Parameter ak_{oo}, der direkt proportional zur Frequenz ist, erhält man dann wie beim Hohlleiter eine endliche Zahl ausbreitungsfähiger Wellen, wobei die Anzahl der Wellen mit der Frequenz zunimmt.

Es ist nun zweckmäßig, das Verhältnis β/k_{oo} als Funktion der normierten Frequenz

$$V = \sqrt{U^2 + W^2} = 2\pi \frac{a}{\lambda_o} NA \qquad (3.41)$$

aufzutragen, wobei

$$NA = \sqrt{n_1^2 - n_2^2} \approx n_1 \sqrt{2\Delta_n} \qquad (3.42)$$

als numerische Apertur der Faser bezeichnet wird und eine wichtige Kenngröße darstellt. Die Näherung in (3.42) gilt für $n_1 \approx n_2$.

Für reelle Werte U und W kann wegen (3.33) und (3.35) die Phasenkonstante nur innerhalb

$$n_2 < \frac{\beta}{k_{oo}} < n_1 \qquad (3.43)$$

variieren. Bild 24 zeigt einen typischen Verlauf der Dispersionskurven einer Stufenprofilfaser mit den entsprechenden Wellenbezeichnungen. Zur Lösung der exakten charakteristischen Gleichung (3.40) wurde eine für praktische Verhältnisse unrealistisch große Brechzahldifferenz angenommen, um

die einzelnen Wellen deutlich her-
vorzuheben. Im übrigen erkennt man
aber wieder einen einwelligen Bereich , der aber im Unterschied
zum Hohlleiter bis f = 0 reicht.
In der Praxis mit Δ_n << 1 ver -
schmelzen nun die in Bild 24 nahe
beieinander liegenden Dispersionskurven zu einer einzigen Kurve,
und für jede Wellengruppe gibt es
dann nur eine Kurve. Bild 24 zeigt
neben der Grundwelle noch zwei Wellengruppen. Mit diesen Wellen nie-
driger Ordnung wollen wir uns im folgenden beschäftigen.

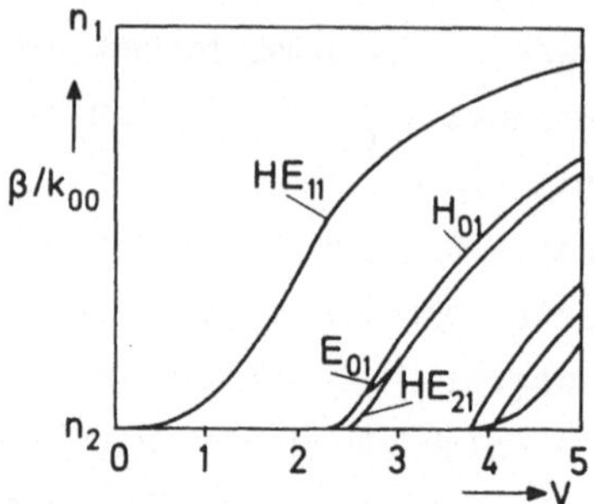

Bild 24 Verlauf der Dispersionskurven bei Stufenprofilfaser mit sehr großer Brechzahldifferenz

Man findet als Lösung der charakteristischen Gleichung (3.40) wie beim
Hohlleiter für ν = 0 wieder H- und E-Wellen. Für diese Wellen mit ν= 0
ist in (3.36) und (3.37) in der geschweiften Klammer die erste Zeile für
H-Wellen und die zweite Zeile für E-Wellen zu nehmen. Für diesen Fall verschwindet in der charakteristischen Gleichung dann die rechte Seite. Die
Nullstellen des ersten Klammerausdruckes auf der linken Seite der Gleichung liefern gerade die E_{0p}-Wellen, die des zweiten Klammerausdruckes
die H_{0p}-Wellen.Ganz anders als beim Rundhohlleiter ergeben sich für $\nu \neq$ 0
jetzt aber Felder, die weder TE- noch TM-Wellen sind. Man hat dann in
(3.36) und (3.37) sowohl eine $\underline{E}_z$- als auch eine $\underline{H}_z$-Komponente und damit
hybride Wellen ($HE_{\nu p}$- und $EH_{\nu p}$-Wellen). Auf die Systematik der Wellenbe-
zeichnung wollen wir hier wegen der nicht allzu großen praktischen Bedeutung nicht eingehen.

Für ν = 1 findet man die HE_{11}-Grundwelle der Glasfaser, deren Grenzfrequenz abweichend vom Hohlleiter null ist. Innerhalb des normierten Fre-
quenzbereiches

$$0 < V < 2{,}405 \tag{3.44}$$

breitet sich nur diese Welle aus. Bei V = 2,405 werden nahezu gleichzeitig
die E_{01}- und H_{01}-Welle und auch die HE_{21}-Welle ausbreitungsfähig. Dann fol-
folgen andere Wellen höherer Ordnung. Die Phasenkonstanten der E_{0p}- und

H_{0p}-Wellen weichen dabei immer nur wenig voneinander ab, denn die beiden
Klammern auf der linken Seite in (3.40) unterscheiden sich für $n_1 \approx n_2$
kaum spürbar.

Von Interesse sind noch die vorkommenden Polarisationen der Wellen. Aus
den z-Komponenten kann man mit (2.66) und (2.68) nach einiger Rechnung die
noch fehlenden Komponenten $\underline{E}_\rho$ und $\underline{E}_\varphi$ bestimmen. Schreibt man nun diese
transversalen Feldkomponenten (hier am Beispiel von $\vec{\underline{E}}$) in rechtwinkligen
Koordinaten enstprechend

$$\underline{E}_x = \underline{E}_\rho \cos\varphi - \underline{E}_\varphi \sin\varphi$$

$$\underline{E}_y = \underline{E}_\rho \sin\varphi + \underline{E}_\varphi \cos\varphi \quad , \tag{3.45}$$

dann stellt man unter anderem fest, daß alle HE_{1p}-Wellen, also auch die
Grundwelle der Faser, nahezu linear polarisiert sind. In mühevoller
Arbeit läßt sich weiter zeigen, daß man unter der Annahme $n_1 \approx n_2$ jeweils
zwei Wellen mit etwa gleichem β zusammenfassen kann und so zu einem Satz
neuer Wellen kommt, die im ganzen Querschnitt einheitlich polarisiert
sind und darum EP-Wellen genannt werden. Die EP-Wellen stellen also näherungsweise eine Überlagerung der tatsächlichen Wellen dar. Die HE_{11}-Welle
ist von vornherein linear polarisiert und damit schon eine EP-Welle. Bei
der Zusammenfassung der tatsächlichen Wellen zu den EP-Wellen stellt man
weiter fest, daß wieder zwei Polarisationen vorkommen. Mit ℓ als neuer
Umfangsordnung lauten für $\underline{E}_x$-Polarisation die transversalen Feldkomponenten der $EP_{\ell p}$-Wellen

$$\underline{E}_x^{(1)} = \underline{A}_1 \, J_\ell(U\,\rho/a) \left\{ \begin{array}{c} \cos\ell\varphi \\ \sin\ell\varphi \end{array} \right\} e^{-j\beta z} \quad ,$$

$$\underline{E}_x^{(2)} = \underline{A}_2 \, K_\ell(W\,\rho/a) \left\{ \begin{array}{c} \cos\ell\varphi \\ \sin\ell\varphi \end{array} \right\} e^{-j\beta z} \quad , \tag{3.46}$$

$$\underline{H}_y^{(1)} = \underline{E}_x^{(1)} \frac{n_1}{\sqrt{\mu_0/\varepsilon_0}} \quad \text{und} \quad \underline{H}_y^{(2)} = \underline{E}_x^{(2)} \frac{n_2}{\sqrt{\mu_0/\varepsilon_0}} \quad .$$

Wegen der linearen Polarisation ist die y-Komponente des elektrischen und
die x-Komponente des magnetischen Feldes null. Es existieren aber,wenn auch
nur kleine,Komponenten $\underline{E}_z$ und $\underline{H}_z$. Die Parameter U und W haben wieder die
alte Bedeutung nach (3.33) und (3.35). Durch Vertauschung der Indices x
und y erhalten wir in (3.46) die EP-Wellen mit orthogonaler Orientierung
der Querkomponenten.

Wenn wir gewußt hätten, daß die Felder näherungsweise linear polarisiert
sind, hätten wir die transversalen Feldfunktionen nicht aus den kartesi-
schen Komponenten $\underline{E}_z$ und $\underline{H}_z$ ableiten müssen, sondern gleich die Wellengleichung (2.54) näherungsweise für die $\underline{E}_x$ beziehungsweise $\underline{E}_y$-Komponente
gelöst. Die tatsächlichen exakten Wellen hätten wir dann aber nicht kennen-
gelernt.

Bild 25 zeigt die transversalen Feldkomponenten der Stufenprofilfaser. Die HE_{11}- oder
EP_{01}-Grundwelle entspricht
der H_{11}-Grundwelle des Rundhohlleiters. Da hier die Feldlinien nicht wie in Bild 14
senkrecht auf einer Metall-
fläche enden müssen, sind die

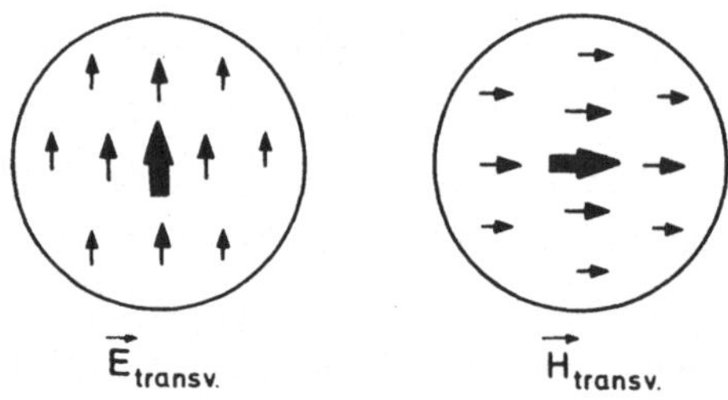

Bild 25 Feldbild der EP_{01}- oder HE_{11}-Welle (Grundwelle)

Feldlinien nicht gekrümmt, und das Feld ist im Querschnitt einheitlich polarisiert. Das Feldbild der Grundwelle ändert sich daher auch nur qualitativ, wenn anstelle eines Stufenprofils ein gradientenförmiger Brechzahlverlauf vorliegt. In den Obungsaufgaben wird gezeigt, daß die Feldver -
teilung der Grundwelle etwa durch eine Gaußkurve beschrieben werden kann.

Die charakteristische Gleichung für die EP-Wellen der Stufenprofilfaser ist
im übrigen viel einfacher als (3.40) und lautet.

$$U \, \frac{J_{\ell-1}(U)}{J_\ell(U)} \; + \; W \, \frac{K_{\ell-1}(W)}{K_\ell(W)} \; = \; 0 \; . \qquad\qquad (3.47)$$

Für diese Gleichung lassen sich nun Näherungslösungen in geschlossener
Form finden und die Phasenkonstante jeder EP-Welle als Funktion der nor-

mierten Frequenz V darstellen. Uns interessiert in diesem Rahmen eher die
Gruppenlaufzeit und deren Änderung $d\tau/df$ mit der Frequenz, die wir aus der
Phasenkonstanten durch Differentiation bestimmen können. Für den vielwel-
ligen Betrieb ist zu untersuchen, wie die Laufzeiten bei fester normierter
Frequenz von Welle zu Welle variieren. Zunächst werden wir uns aber nur mit
der einwelligen Stufenprofilfaser beschäftigen.

3.4.3 Dispersion bei einwelliger Stufenprofilfaser

Für die nun folgenden Überlegungen wollen wir mit (3.33),(3.35) und (3.41)
eine normierte Phasenkonstante

$$B_N \;=\; \frac{W^2}{V^2} \;=\; \frac{\left(\dfrac{\beta}{k_{oo}}\right)^2 - n_2^2}{n_1^2 - n_2^2} \tag{3.48}$$

einführen, die im Bereich $0 < V < \infty$ innerhalb der Grenzen $0 < B_N < 1$
liegt. Wenn die charakteristische Gleichung gelöst ist, folgt aus (3.48)
auch der Verlauf $B_N(V)$.

Bei EP-Wellen mit der vereinfachten charakteristischen Gleichung (3.47)
ist B_N allein als Funktion der normierten Frequenz V darstellbar. Dadurch
wird nachträglich die Einführung eines solchen Parameters gerechtfertigt.
Bei der genauen charakteristischen Gleichung (3.40) müssen zusätzlich noch
die Brechzahlen n_1 und n_2 vorgegeben werden. Bei typischen relativen Brech-
zahldifferenzen von etwa 1% gilt stets $n_1 \approx n_2$, und die jeweiligen normierten Phasenverläufe $B_N(V)$ aus der exakten und genäherten charakteri -
stischen Gleichung unterscheiden sich nur unwesentlich voneinander.

Zur Berechnung der Gruppengeschwindigkeit und dann der Laufzeitänderung
$d\tau/df$ aus $B_N(V)$ ist zu berücksichtigen, daß aufgrund der Materialeigenschaften die Brechzahlen $n_{1,2}$ und in $V = 2\pi a\, n_1 \sqrt{2\Delta_n}\,/\lambda_0$ auch die relative
Brechzahldifferenz Δ_n frequenzabhängig sind. Unter der Voraussetzung
$\Delta_n \ll 1$ ergibt diese recht langwierige zweimalige Differentiation von
(3.48) folgende Laufzeitänderung

$$\frac{1}{L}\frac{d\tau}{df} \;=\; M_2 + \frac{v_N + B_N}{2}(M_1 - M_2) + \frac{N_1\Delta_n}{c_0 f}\left[\, G - P_{oo}(G + v_N - B_N)\,\right] \tag{3.49}$$

mit $M_{1,2}$ als Materialdispersionsfaktoren des Kern- und Mantelstoffes entsprechend der Definition (3.27) und N_1 als Gruppenindex des Kerns. Für die
übrigen Größen gilt

$$v_N = \frac{d(V \cdot B_N)}{dV} \quad , \qquad G = V \frac{d^2(V \cdot B_N)}{dV^2} \quad \text{und} \qquad P_{oo} = \frac{n_1}{N_1} \frac{\lambda_o}{\Delta_n} \frac{d\Delta_n}{d\lambda_o} \ .$$

Hierbei hat v_N die Bedeutung einer normierten Gruppengeschwindigkeit,
während $G(V)$ ein Maß für deren Änderung mit V ist. Die Größe P_{oo} bezeichnet man als Profildispersion, und sie berücksichtigt in (3.49) unter der
Voraussetzung $|P_{oo}| \ll 1$ die Auswirkung einer unterschiedlichen Frequenz-
abhängigkeit der Brechzahlen von Kern- und Mantelstoff auf die Dispersion.
Sofern für die betrachtete Welle der Verlauf $B_N(V)$ und die Ableitungen v_N
und G bekannt sind, kann man unter Berücksichtigung der Materialeigen -
schaften die Laufzeitänderung aufgrund von Wellenleiter-und Materialdi -
spersion bestimmen. Für $\Delta_n = 0$ entfällt die Wellenleiterdispersion, und die
Gleichung (3.49) geht mit $M_1 = M_2 = M$ wieder in die Beziehung (3.26) für
alleinige Materialdispersion über. Von besonderem Interesse ist immer die
Grundwelle, für die wir jetzt (3.49) auswerten wollen.

Für die EP_{01}-Welle ist in Bild 26 im einwelligen Bereich der Verlauf $B_N(V)$
als Lösung der vereinfachten charakteristischen Gleichung aufgetragen.
Außerdem zeigt das Diagramm die Ableitungen v_N und G, so wie man sie durch
numerische Differentiation aus $B_N(V)$ bestimmen kann. Mit Hilfe dieser Kurven wollen wir nun die verschiedenen Dispersioneffekte in (3.49) diskutieren.

Die ersten beiden Terme in (3.49) geben den Einfluß der Materialdispersion
wieder. Wie ohne weiteren Beweis angegeben sei, stellt der Faktor $\frac{v_N + B_N}{2}$
gerade den prozentualen Anteil der im Kern der Faser geführten Leistung
dar. Für sehr kleines V breitet sich die Grundwelle nach Bild 26 zunehmend
im Mantel aus, so daß bei verschwindendem zweiten Term nur der Materialdispersionsfaktor M_2 des Mantels eingeht. Für $V \to \infty$ konzentriert sich die
Welle auf den Kern, und die Summe der ersten beiden Terme ergibt M_1. Für
eine typische normierte Frequenz $V = 2$ führt die einwellige Faser 75% der
Leistung im Kern . In diesem Fall wird M_1 mit 0,75 und M_2 mit 0,25 ge -
wichtet.

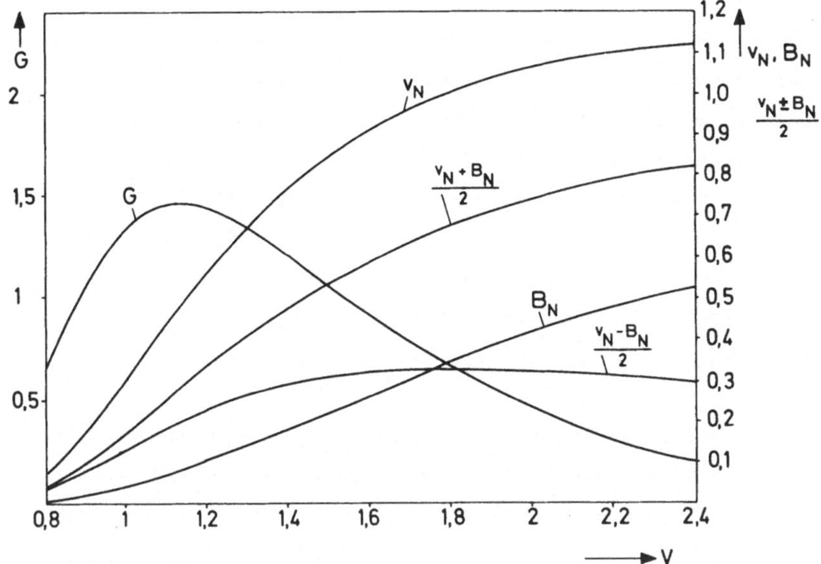

Bild 26 Kenngrößen der einwelligen Stufenprofilfaser:

B_N normierte Phasenkonstante
v_N normierte Gruppengeschwindigkeit
$(v_N + B_N)/2$ im Kern geführter Leistungsanteil
$(v_N - B_N)/2$ Maß für mittlere Leistungsdichte an Kern-Mantel-Grenzschicht

Ohne Profildispersion ($P_{oo}=0$) spiegelt der dritte Term direkt den Wellen-
leitereinfluß wieder, der durch die Funktion G(V) beschrieben wird. Bei
V = 1,15 wird dieser Dispersionsanteil in Bild 26 maximal. Der Kern führt
dann auch nur noch 30% der Gesamtleistung. Eine Profildispersion $P_{oo} \neq 0$
ändert obigen Dispersionsanteil relativ um P_{oo}. Außerdem addiert sich ein
Anteil, der durch die Differenz v_N-B_N bestimmt ist. Wie auch hier ohne
weiteren Beweis angegeben sei, ist diese Differenz proportional zur Leistungsdichte an der Kern-Mantel-Grenzschicht. Da die Profildispersion
$P_{oo} \sim d\Delta_n/df$ die Frequenzabhängigkeit der relativen Brechzahldifferenz Δ_n
an dieser Grenzschicht berücksichtigt, spürt die Welle mit zunehmender
Leistungsdichte an der Grenzschicht die Änderungen in Δ_n immer stärker.
Für die Grenzfälle V = 0 und V $\to$ ∞ verschwindet in (3.49) erwartungsge-
mäß der gesamte dritte Term, denn dann breitet sich die Grundwelle wie eine ebene Welle im Mantel beziehungsweise im Kern der Faser aus. Der Wellenleiter beeinflußt die Dispersion dann nicht mehr, und es wirkt nur noch
der Materialdispersionsfaktor M_2 oder M_1.

Zur Abschätzung der Größenordnungen wollen wir in (3.49) Zahlenwerte einsetzen. Im einwelligen Bereich bei $V = 2$ wird $G(2) = 0,46$. Bei einer Betriebswellenlänge $\lambda_0 = 0,85$ μm entsprechend $f_0 = 353$ THz erhält man unter der Annahme etwa gleich großer Materialdispersionfaktoren $M_{1,2} \approx 0,3 \frac{ns}{THz\ km}$ für $\Delta_n = 0,5\%$ und $N_1 = 1,5$ ohne Profildispersion einen Wellenleiteranteil der Laufzeitänderung von 32,6 ps/THz km und bei einer Profildispersion $P_{oo} = -0,1$ einen nur schwach veränderten Wert von 40,5 ps/THz km. Die auf die Kabellänge L bezogene Grundlaufzeit beträgt nach (3.23) $\tau_0/L = N/c_0$, wofür sich mit $N \approx N_1 \approx N_2 = 1,5$ ein Wert von 5 μs/km errechnet.

In dem betrachteten Wellenlängenbereich um 0,85 μm überwiegt die Materialdispersion die Wellenleiterdispersion also etwa um den Faktor 10. Dies ändert sich aber für steigende Wellenlänge, denn nach Bild 22 werden die Materialdispersionsfaktoren bei etwa 1,3 μm Wellenlänge null und dann sogar negativ. Damit eröffnet sich die faszinierende Möglichkeit, eine Kompensation zwischen Wellenleiterdispersion und Materialdispersion herbeizuführen, indem man die Lichtquelle nur wenig oberhalb des Nulldurchganges der $M(\lambda_0)$-Kurve in Bild 22 strahlen läßt. Im Bereich $\lambda_0 \geq 1.3$ μm kann die negative Materialdispersion dann die positive Wellenleiterdispersion ausgleichen. Dann verbleiben in der einwelligen Faser nur noch Dispersionseffekte 2. Ordnung , für die nach (3.31) bei Laser der Materialdispersionsanteil unter 1 ps/THz km liegt. Der Wellenleiteranteil hat eine ähnliche Größenordnung, so daß die einwellige Faser mit Kompensation in diesem Rahmen als verzerrungsfrei angesehen werden kann.

Bei dieser Wellenlänge etwas oberhalb von 1,3 μm weist nun aber die Faser bei etwa 1,39 μm eine Resonanzabsorption bei den zur Zeit gebräuchlichen Stoffen auf, so daß aus dieser Sicht wegen der erhöhten Dämpfung dieser Spektralbereich etwas ungünstig wird. Erst bei $\lambda_0 = 1,5$ bis 1,6 μm erhält man wieder niedrige Dämpfungen. Die Wellenlänge minimaler Dispersion läßt sich nun durchaus in diesen ferneren Bereich verschieben, indem man die Wellenleiterdispersion bewußt vergrößert, damit die Kompensation durch $M_{1,2}$ nach Bild 22 erst später erfolgt. Den Wellenleiteranteil vergrößert man zum Beispiel durch die Wahl eines kleineren V-Wertes. Nimmt man anstelle von $V = 2$ den Wert $V = 1,4$, dann steigt mit $G(1,4)=1,2$ gerade bei $f = 194$ THz entsprechend $\lambda_0 = 1,55$ μm die Wellenleiterdispersion auf den Wert von 150 ps/THz km an, der nach Bild 22 dann genau durch Materialdipserion kompensiert wird. Dabei ist $P_{oo} = 0$ vorausgesetzt. Nach Bild 26 führt der Kern dann etwa 50% der Leistung. In der Praxis muß die Dimensionierung einer einwelligen Faser unter Berücksichtigung weiterer Aspekte wie Krümmungsverluste etc. erfolgen. Auf diese Frage werden wir in Kapitel 3.9 noch einmal eingehen.

Für die EP_{01}-Grundwelle wollen wir jetzt noch eine Näherung für die normierte Phasenkonstante B_N angeben. Aus der vereinfachten charakteristischen Gleichung findet man die Beziehung

$$B_N \approx 1 - \frac{3 + 2\sqrt{2}}{\left[1 + (4 + V^4)^{1/4}\right]^2} \qquad (3.50)$$

Diese Formel ergibt im einwelligen Bereich recht gute Übereinstimmung mit dem exakten Verlauf in Bild 24. Die Größen v_N und G lassen sich hieraus aber nicht mehr mit hinreichender Genauigkeit bestimmen. Für manche Anwendungszwecke benötigt man aber auch nur die normierte Phasenkonstante.

Mit (3.49) ist nun zwar bekannt, welche Laufzeitdifferenzen zwischen den verschiedenen Spektralkomponenten des in die Faser eingekoppelten Lichtes bestehen. Für die Praxis ist aber von unmittelbarem Interesse zu wissen, wie sich ein Lichtimpuls in der Glasfaser verbreitert. Diese Frage wollen wir jetzt untersuchen.

3.4.4 Pulsverzerrung bei einwelliger Faser

In Kapitel 3.3 hatten wir festgestellt,daß die für die optische Nachrichtentechnik in Frage kommenden Lichtquellen oft in einem sehr breiten Frequenzband Δf strahlen. Wir führen jetzt genauer das sogenannte Leistungs - oder Emissionsspektrum $I(f)$ ein, das die bei der Frequenz f innerhalb des Intervalls df abgestrahlte Leistung bezogen auf df angibt. Mit f_o als Mittenfrequenz läßt sich diese Spektralverteilung in vielen Fällen gaußförmig darstellen, so daß

$$I(f) \sim \exp\{ -(2\,\frac{f-f_o}{B_e})^2 \} \qquad (3.51)$$

gilt, wobei B_e die 1/e-Breite der Kurve ist.

Durch $t_k = 2/\pi B_e$ kann man eine Zeit definieren, die wir Kohärenzzeit nennen. Sie gibt etwa an, über welche Zeitspanne die Lichtquelle zusammenhängende Schwingungszüge aussendet. Die Lichtquellen strahlen nämlich keineswegs mit zeitlich konstanter Phase und Amplitude. Die Kohärenzzeiten sind recht kurz: bei Laser mit Emissionsbandbreiten im Bereich $B_e = 0,1$ bis 1 THz schwankt t_k zwischen 6 ps bis 0,6 ps; bei LED sind die Zeiten etwa um den Faktor 10 kleiner. Die Spektralverteilungen mißt man im übrigen mit einem Monochromator, bei dem eine Frequenzselektivität mit Hilfe eines Beugungsgitters erreicht wird. Der in der sonstigen Elektrotechnik ge - bräuchliche Spektrumanalysator beinhaltet dagegen elektrische Filteranordnungen.

Das Emissionsspektrum nach (3.51) gilt, wenn die Lichtquelle eine konstante Leistung abstrahlt. Moduliert man nun zum Beispiel durch Variation des LED- oder Laserstromes diese Leistung, dann verbreitert sich das Leistungsspektrum mehr oder weniger. Bei Impulsmodulation entsprechend einer Gaußkurve ergibt sich ein verbreitertes Spektrum, das wieder gaußförmig verläuft. Mit T_1 als 1/e-Breite des Impulses verbreitert sich das Spektrum auf

$$B = \sqrt{B_e^2 + B_m^2} \quad \text{mit} \quad B_m = \frac{2}{\pi T_1} \tag{3.52}$$

als Modulationsbandbreite. Normalerweise gilt $B_m \ll B_e$, sofern die Impulsbreite T_1 nicht im ps-Bereich liegt. In der ohne Herleitung angegebenen Gleichung (3.52) erkennen wir die für Gaußverteilungen typische quadratische Addition unterschiedlicher Bandbreiten.

Wir können jetzt versuchen, den innerhalb des Emissionsspektrums liegenden Spektralkomponenten eine Gruppenlaufzeit $\tau(f)$ zuzuordnen und das zeitliche Auseinanderlaufen dieser Anteile zu verfolgen. Ein am Leitungsanfang unendlich schmaler Lichtimpuls erscheint am Leitungsende dann verbreitert. Bei endlicher Eingangsimpulsbreite T_1 läuft der Impuls bis zum Ausgang auf T_2 auseinander. Zur Berechnung der Ausgangsimpulsbreite müssen wir die Laufzeitcharakteristik $\tau(f)$ vorgeben. Wir linearisieren hier und nehmen für die einwellige Stufenprofilfaser für den gesamten Wellenlängenbereich den Ausdruck (3.49), der die Steigung der Laufzeitkurve angibt. Die Än - derung $d\tau/df$ verschwindet dann bei der Wellenlänge, für die sich Material-

dispersion und Wellenleiterdispersion kompensieren. Die verbleibenden
Effekte 2. Ordnung im Piko- bis Subpikosekundenbereich sollen uns hier
wiederum nicht mehr interessieren. Folglich wird in unseren Gleichungen
bei dieser Wellenlänge die Dispersion null, obwohl eine Begrenzung bei typischerweise 0,1 bis 1 ps/km vorliegt.

Es ist nun bekannt, daß ein gaußförmiger Impuls mit gaußförmigem Spektrum
bei einer Leitung mit linearer Laufzeitcharakteristik am Ende dieser Leitung im Zeit- und Frequenzbereich wieder gaußförmig erscheint. Die Laufzeitunterschiede $B \, d\tau/df$ im Frequenzband B addieren sich dabei quadratisch
zur Eingangsimpulsbreite T_1. Der Ausgangsimpuls hat dann die Breite
$\sqrt{T_1^2 + (B \, d\tau/df)^2}$. Für den vorliegenden Fall ist die Bandbreite B nach
(3.52) einzusetzen. Bei einer 1/e-Eingangsimpulsbreite T_1 und einer 1/e-
Emissionsbandbreite B_e ergibt sich wieder ein gaußförmiger Ausgangsimpuls
der 1/e-Breite

$$
T_2 \;=\; \left[T_1^2 \;+\; \left(\frac{d\tau}{df} \right)^2 \left(B_e^2 \;+\; \frac{4}{\pi \, T_1^2} \right) \right]^{1/2} . \tag{3.53}
$$

Diese Gleichung gilt für die Verbreiterung eines Lichtimpulses, der nur
von einer Welle, zum Beispiel der Grundwelle, getragen wird. Entsprechend
ist dann für $d\tau/df$ die Laufzeitänderung der Grundwelle nach (3.49) mit den
Parametern nach Bild 26 einzusetzen. Diese Gleichungen sind aber auch bei
vielwelligen Lichtleitfasern anwendbar, solange die Materialdispersion die
anderen Dispersionseffekte überwiegt. Die Laufzeitänderung ist in (3.53)
dann einfach durch den Materialdispersionanteil $M_1 \simeq M_2 \simeq M$ gegeben. Dieser
Fall kann bei Gradientenfasern mit LED als Lichtquelle auftreten.

Gleichung (3.53) ist für verschiedene Parameter der Laufzeitänderung $d\tau/df$
und der Emissionsbandbreite B_e als Funktion der Eingangsimpulsbreite in
Bild 27 aufgetragen. Die durchgezogenen Kurven gelten für eine Laufzeitänderung, wie sie bei 0,85 μm auf Grund von Materialdispersion typisch ist.
Die Wellenleiterdispersion spielt nach den Ergebnissen von Kapitel 3.4.3
für die Grundwelle dabei keine Rolle. Bei steigender Wellenlänge nimmt die
Laufzeitänderung ständig ab. Die gestrichelten Kurven gelten für eine
Lichtquelle, die in der Nähe von 1,3 μm strahlt. Die Laufzeitänderung ist
dann entsprechend kleiner. Bei einer endlichen Laufzeitänderung zeigen die

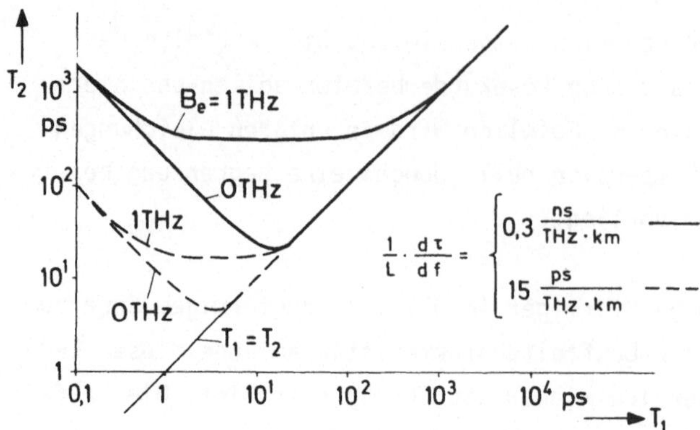

Bild 27 1/e-Ausgangsimpulsbreite T_2 bei Pulsübertragung in einer Welle mit linearer Laufzeitcharakteristik $\frac{d\tau}{L\,df}$ als Funktion der 1/e-Eingangsimpulsbreite T_1 mit B_e als 1/e-Emissionsbandbreite der Lichtquelle (alle Verläufe gaußförmig; L = 1 km)

Kurven ein Minimum bei

$$T_1 = \sqrt{\frac{2}{\pi}\, d\tau/df} \tag{3.54}$$

mit dem Minimalwert

$$T_{2\,min} = \sqrt{\frac{4}{\pi}\, d\tau/df + \left(B_e\, \frac{d\tau}{df}\right)^2} \tag{3.55}$$

für die Ausgangsimpulsbreite. Bei der Wellenlänge, für die $d\tau/df$ null wird, gilt im Rahmen dieser linearen Näherung $T_2 = T_1$. Für eine ganz monochromatische Welle mit $B_e = 0$ findet man für die angegebenen Parameter bei 3 ps und bei 14 ps das Minimum. Bei endlicher Emissionsbandbreite wird der Verlauf um diesen Minimalwert sehr flach und ist nach (3.55) für eine hinreichend große Emissionsbandbreite einfach durch $B_e\, d\tau/df$ gegeben, wofür man in diesem Fall 15 ps beziehungsweise 300 ps erhält.

Im folgenden Abschnitt wollen wir die bisherigen Ergebnisse für den Fall einer vielwelligen Stufenprofilfaser auswerten. Die Behandlung vielwelliger Lichtwellenleiter mit allgemeinem Brechzahlprofil wird uns dann erst im Kapitel 3.5 beschäftigen.

3.4.5 Vielwellige Stufenprofilfaser

Im Bereich V > 2,405 breiten sich nun mehrere Wellen aus. Bei einer typischen vielwelligen Faser mit 2a = 60 µm Durchmesser und einer numerischen
Apertur NA = 0,2 ergibt sich bei λ_0 = 0,85 µm eine normierte Frequenz V=44.
Unter diesen Bedingungen spielen nun obige Dispersionseffekte - allerdings
nur bei der Stufenprofilfaser, wie wir sehen werden - keine große Rolle.
Hier machen sich in den Dispersionskurven $\beta(\omega)$ die von Welle zu Welle
unterschiedlichen Steigungen viel störender bemerkbar. Auch bei vielwelligen Gradientenfasern treten diese unterschiedlichen Steigungen auf, nur
gleicht man dort durch geeignete Profilgebung die Steigungen weitgehend aneinander an.

Nach Bild 24 läuft die Grundwelle für V >> 1 nahezu wie eine ebene Welle
mit der Wellenzahl $k_{oo}n_1$ und erfährt mit N_1 als Gruppenindex des Kerns
die Laufzeit L N_1/c_0. Die Wellen mit höchsten Ordnungen sind gerade ausbreitungsfähig geworden und haben sich noch lange nicht auf den Kern konzentriert. Ihre Felder erstrecken sich weit in den Mantel, so daß nun der
Gruppenindex N_2 des Mantelstoffes maßgebend ist. Die Laufzeit streut dann
zwischen der schnellsten und der langsamsten Welle um

$$\Delta\tau_s = \frac{L}{c_0} (N_1 - N_2) .$$

Gegenüber dieser recht primitiven Überlegung liefert eine Näherungslösung
für die EP-Wellen der Stufenprofilfaser eine Streuung der Laufzeit um

$$\Delta\tau_s = \frac{L}{c_0} (N_1 - N_2) (1 - \frac{2}{V}) , \tag{3.56}$$

wobei der Korrekturfaktor für V >> 1 unbedeutend ist. Zur Abschätzung der
Laufzeitunterschiede wollen wir nun Zahlenwerte einsetzen: für $N_1 - N_2$ = 1%
und L = 1 km erhält man aus (3.56) Laufzeitunterschiede von etwa 33 ns.
Dieser Wert ist nun tatsächlich für die Praxis repräsentativ, denn sowohl
LED als auch Laser regen letztlich doch immer alle ausbreitungsfähigen Wel-
len an. Eine gezielte Anregung einer einzigen Welle, zum Beispiel der
Grundwelle, zur Vermeidung von Laufzeitstreuung läßt sich in realen Syste-
men nur sehr schwer realisieren.

Man kann schon an dieser Stelle erkennen, daß ganz allgemein die Behandlung vielwelliger Fasern wegen der nun zusätzlich von Welle zu Welle
streuenden Laufzeit noch schwieriger wird. Im Prinzip könnte man daran denken, das bisherige Verfahren auf jede einzelne Welle anzuwenden. Wegen
der Vielzahl der Wellen wird die Methode damit aber recht aufwendig und
gibt kaum Einblick in allgemeinere Zusammenhänge, zumal das Problem bei
allgemeinem Brechzahlprofil numerisch zu lösen wäre.

Aus diesem Grunde werden wir im folgenden Abschnitt etwas anders vorgehen,
als wir es bislang von den Hohlleitern und Glasfasern her gewohnt waren.
Gerade die nun zu behandelnden vielwelligen Gradientenfasern geben ein gu-
tes Beispiel dafür, wie aktuell auch heute trotz der zur Verfügung stehenden Rechenmaschinen alt bewährte analytische Näherungsmethoden sind.

3.5   Vielwellige Lichtleitfasern
3.5.1 Allgemeines

Wir wissen inzwischen von den Hohlleitern und Glasfasern, daß man je nach
Geometrie des vorliegenden Problems unterschiedliche Feldverteilungen erhält. Da die Feldfunktionen der Anordnung zueigen sind, bezeichnet man sie
als Eigenfunktionen und die Wellen als Eigenwellen. Die Eigenfunktionen
des Rechteckhohlleiters sind nach (2.8) die trigonometrischen Funktionen,
die des Rundhohlleiters oder der Glasfaser mit homogener Stoffverteilung
unter anderem die Zylinderfunktionen J_ℓ und K_ℓ. Sobald sich nur die
Stoffverteilung räumlich ändert, erhalten wir aber andere Eigenfunktionen,
die sich in der Regel nicht einfach bestimmen lassen.

Unabhängig von der jeweiligen Stoffverteilung breiten sich bei hinreichend
großer Frequenz verschiedene Eigenwellen aus. Die Ausbreitungskonstante β
ist ein Wert, der jeder Welle zugeordnet ist und deshalb als Eigenwert
bezeichnet wird. Solche Eigenwerte sind von den Atomen her mit ihren
diskreten Energieeigenwerten durchaus bekannt. In unserem Fall hatten wir
die Eigenwerte $\beta_{\ell p}$ der Eigenwellen (ℓ,p) in Abhängigkeit von ω gesucht,
um letztlich die Gruppengeschwindigkeit zu bestimmen. Bei dieser Berech-
nung von β hatten wir Ansätze für die Felder gesucht und dann die Randbedingungen erfüllt. Die Bedingungsgleichung oder charakteristische Gleichung hat uns dann in mehr oder weniger komplizierter Form den Eigenwert

und von einer Normierungskonstanten abgesehen, auch die Felder geliefert.
Die Feldfunktionen hatten wir dann aber nicht mehr weiter benutzt. Für die
Berechnung von Abstrahlverlusten infolge von Faserkrümmungen und bei anderen Fragestellungen ist man allerdings auf die Felder angewiesen. Auf
solche Probleme wollen wir aber hier nicht eingehen.

Unter der Voraussetzung, daß nun sehr viele Wellen ausbreitungsfähig sind,
kann man zur näherungsweisen Bestimmung von β ein sehr elegantes Verfahren
anwenden, das die Schwierigkeiten bezüglich der Feldansätze und der Anpassung weitgehend vermeidet. Gerade für beliebige Brechzahlprofile eignet
sich diese Methode recht gut, weil in solchen Fällen die auftretenden
Differentialgleichungen immer numerisch zu lösen wären.

Diese Methode gibt für eine lineare Differentialgleichung 2. Ordnung vom
Typ

$$\frac{d^2y}{dw^2} \;+\; Q_w^2\,(w) \cdot y \;=\; 0 \qquad\qquad (3.57)$$

mit

$$Q_w^2\,(w) \;=\; f(w) \;-\; \beta^2 \qquad\qquad (3.58)$$

unter Berücksichtigung gewisser Randbedingungen direkt die erlaubten Werte
β, also die Eigenwerte an. Die Funktion f(w) sei zunächst nicht näher definiert. Bei der Besselschen Differentialgleichung (2.60) ergibt die
Differentiation des ersten Terms auch noch einen Summanden mit einfacher
Ableitung der Funktion $\underline{R}$ beziehungsweise hier y. Wir werden aber sehen,
daß man diesen bei allen Problemen auftauchenden Term mit einfacher Ab -
leitung immer durch eine geeignete Variablentransformation beseitigen kann.

Im folgenden Abschnitt soll nun zunächst gezeigt werden, daß bei vielwelligen Fasern mit beliebigem Brechzahlverlauf immer die Eigenwerte obiger
Differentialgleichung zu suchen sind. Im darauf folgenden Kapitel wird
erst erläutert, wie man den Eigenwert dann näherungsweise bestimmt.

3.5.2 Skalare Wellengleichung

Wir hatten in Kapitel 3.4.2 festgestellt, daß die Felder der Stufenprofilfaser näherungsweise so zusammengefaßt werden können, daß linear polarisierte Wellen entstehen. Wenn man noch einmal die Felder der Grundwellen
von Rundhohlleiter (H_{11}-Welle) nach Bild 14 und Stufenprofilfaser (HE_{11}-
welle) nach Bild 25 vergleicht, dann stellt man große Ähnlichkeiten fest.
Wir hatten schon früher gesagt, daß beim Rundhohlleiter die metallische
Wand die Feldlinien so verbiegt, daß sie senkrecht auf der Wand enden. Bei
Lichtwellenleitern verformt nur der kleine Brechzahlunterschied das Feld
ein wenig, und die Wellen breiten sich daher beinahe so wie ebene Wellen
aus. Für $n_1 = n_2$ läge dieser Fall exakt vor, mit $n_1 \gtrsim n_2$ wandern die Wellen tatsächlich aber mit flachem Neigungswinkel des Poyntingvektors.

An all diesen Verhältnissen ändert sich bei einem Brechzahlverlauf, der
nicht mehr abgestuft verläuft, sondern allmählich abfällt, qualitativ
nichts. Wir erhalten auch dann wieder EP-Wellen mit einheitlicher Polarisation im Querschnitt. An dieser Stelle ist aber ein Hinweis bezüglich
der nun auftretenden Ortsabhängigkeit der Dielektrizitätszahl notwendig.

Bei der Herleitung der Wellengleichung (1.15) hatten wir stets eine konstante Stoffverteilung vorausgesetzt. Im allgemeineren Fall hängt nun die
Brechzahl n von der radialen Koordinate ρ ab. Damit wird die Wellenzahl k_o
ebenfalls ortsabhängig. Außerdem erhält man aber auf der rechten Seite
der Differentialgleichung noch einen zusätzlichen Term, der die Änderung
$\partial n/\partial \rho$ berücksichtigt. Dadurch wird die Lösung der Vektordifferentialgleichung außerordentlich erschwert.

Die Ausbreitungseigenschaften vielwelliger Fasern können nun aber ohne Berücksichtigung des Zusatztermes berechnet werden, denn für $V \gg 1$ ändert
sich das Profil $n(\rho)$ über dem Querschnitt nur ganz allmählich. Geht man in
radialer Richtung um λ_o weiter , dann verändert sich dabei der Brechungsindex relativ so schwach, daß immer

$$\lambda_o \, \frac{\partial n}{n \partial \rho} \quad \ll \quad 1 \qquad\qquad (3.59)$$

gilt. Zur groben Abschätzung der Gültigkeit dieser Ungleichung nehmen wir einen linearen Brechzahlabfall in einer vielwelligen Faser mit 60 µm Kerndurchmesser und einem relativen Brechzahlunterschied Δ_n = 1% an. Bei λ_0 = 1 µm erhält man dann für die linke Seite der Ungleichung mit $\frac{\partial n}{n \partial \rho}$ ≈ 0,01/30µm den Wert $3 \cdot 10^{-4}$, so daß die Bedingung erfüllt ist.

Damit können wir wieder von der bekannten Wellengleichung (1.15) ausgehen, wobei allerdings die Ortsabhängigkeit $\varepsilon(\rho)$ zu berücksichtigen ist. Da wir außerdem einheitlich polarisierte Wellen annehmen, lösen wir diese Gleichung nun gleich für die Komponente $\underline{E}_x$ des elektrischen Feldes, die uns als kartesische Komponente zur Verfügung steht. Der aufwendige Umweg über die z-Komponente entfällt damit. Nun liegt wieder die Differentialgleichung (2.60) des Rundhohlleiters oder der Stufenprofilfaser vor, nur ist jetzt in (2.61) die Ortsabhängigkeit $k_0(\rho)$ in Rechnung zu stellen. Außerdem tritt an die Stelle der Komponente $\underline{E}_z$ jetzt die Komponente $\underline{E}_x$. Mit (2.55), (2.56) und (2.59) schreiben wir diese Komponente nun in der Form

$$\underline{E}_x = y(\rho) \begin{Bmatrix} \cos\ell\varphi \\ \sin\ell\varphi \end{Bmatrix} e^{-j\beta z} \quad , \qquad (3.60)$$

wobei $y(\rho) = \underline{R}(\rho)$ gesetzt wurde. Für diese radiale Wellenfunktion $y(\rho)$ gilt die Gleichung (2.60), die nach Anwendung der Produktregel mit (2.61) in

$$\frac{d^2 y}{d\rho^2} + \frac{1}{\rho} \frac{dy}{d\rho} + \left(k_0^2(\rho) - \beta^2 - \frac{\ell^2}{\rho^2} \right) y = 0 \qquad (3.61)$$

übergeht. Mit der Transformation

$$\rho = a\, e^{w} \qquad (3.62)$$

beseitigen wir die einfache Ableitung in (3.61) und erhalten nach kurzer Zwischenrechnung ('=Ableitung nach der Variablen w)

$$y'' + Q_\rho^2\, \rho^2\, y = 0 \qquad (3.63)$$

mit

$$Q_\rho^2 = \left(k_0^2 - \beta^2 - \ell^2/\rho^2 \right) . \qquad (3.64)$$

Setzt man

$$Q_w^2 \;=\; \rho^2 \, Q_\rho^2 , \tag{3.65}$$

dann stellt (3.63) gerade die Differentialgleichung (3.57) dar, für die
uns die jetzt zu beschreibende WKB-Methode die erlaubten Werte β liefert.

3.5.3 WKB-Methode

Die WKB-Methode (_Wentzel, _Kramer und _Brillouin, 1926) bestimmt aus dem
Verlauf von Q_w^2 in (3.57) direkt die Eigenwerte β. Das Verfahren soll hier
nicht im einzelnen abgeleitet, sondern beschrieben und an einigen Beispie-
len veranschaulicht werden.

Die Differentialgleichung (3.57) ergibt für konstantes und positives Q_w^2
als Lösung die trigonometrischen Funktionen $\sin Q_w w$ und $\cos Q_w w$, die mit
der Ortsfrequenz Q_w oszillieren. Für $Q_w^2 < 0$ gehen diese Funktionen in die
exponentiell verlaufenden hyperbolischen Funktionen über. Wenn nun Q_w^2
ortsabhängig wird und sich bei Variation von w nur allmählich ändert, dann
wird sich an diesen Verhältnissen nur qualitativ etwas ändern.

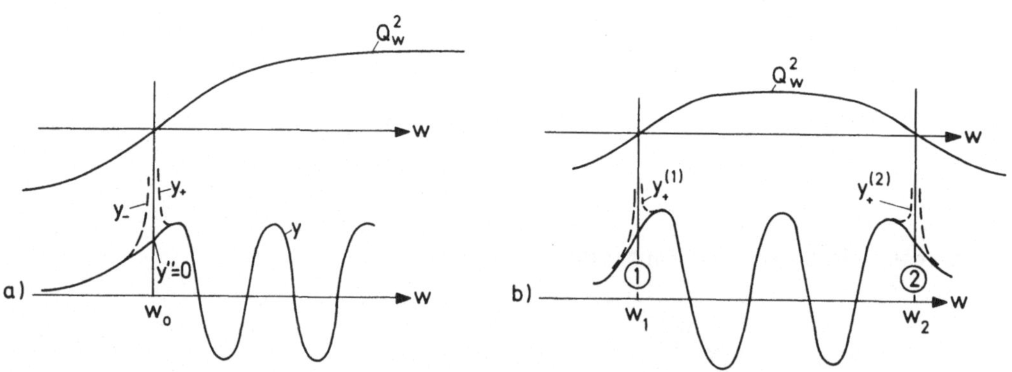

Bild 28 WKB-Lösung bei Problem mit a) einem Umkehrpunkt b) zwei Umkehrpunkten

Bild 28a zeigt einen denkbaren Verlauf $Q_w^2(w)$ mit einer Nullstelle $w = w_0$.
Die im Bereich $w > w_0$ oszillierende Funktion schließt bei w_0 an die im
Bereich $w < w_0$ abfallende Kurve gerade im Wendepunkt an, denn mit $Q_w^2 = 0$

wird in (3.57) $y''=0$. Die Stelle w_0 bezeichnen wir im folgenden als Umkehrpunkt.

Für beide Teilbereiche läßt sich nun jeweils eine Näherungslösung y_+ beziehungsweise y_- angeben, die in hinreichender Entfernung vom Umkehrpunkt
w_0 die exakte Lösung y gut approximiert. Diese WKB-Lösungen lauten

$$y \simeq \begin{cases} y_+ = \dfrac{2A}{\sqrt{Q_w}} \cos\left(\bar{\mu} - \dfrac{\pi}{4}\right) & (w > w_0) \\[3mm] y_- = \dfrac{A}{\sqrt{Q_w}} \exp\left(-|\bar{\mu}|\right) & (w < w_0) \end{cases} \qquad (3.66)$$

mit

$$\bar{\mu} = \int_{w_0}^{w} Q_w(w)\, dw \quad (3.67) \quad \text{und} \quad |\bar{\mu}| = \int_{w}^{w_0} |Q_w(w)|\, dw . \quad (3.68)$$

Aus (3.66) ist sofort ersichtlich, daß die WKB-Lösungen am Umkehrpunkt w_0
wegen des Wurzelausdruckes im Nenner singulär werden und damit völlig ver-
sagen. Um dies näher zu verstehen, muß hinzugefügt werden, daß die WKB -
Lösung (3.66) nur eine asymptotische Entwicklung einer im gesamten Bereich
gültigen Näherungslösung der Gleichung (3.57) darstellt. Diese genaueren
Funktionen sind im wesentlichen die Airyfunktionen Ai und Bi beziehungsweise die Zylinderfunktionen der Ordnung $\pm 1/3$, wobei als Argument dieser
Funktionen aber wieder die Integrale (3.67) und (3.68) auftreten. Für die
meisten praktischen Fälle ist diese hier nicht aufgeführte Lösung viel zu
unübersichtlich und man begnügt sich mit der asymptotischen Entwicklung
der Airyfunktionen, die für den jeweiligen Bereich gerade durch (3.66) beschrieben wird. In diesen Gleichungen ist im übrigen noch eine Integrationskonstante A verfügbar; die andere Integrationskonstante, die bei einer Differentialgleichung 2. Ordnung noch existieren müßte, ist schon in
die Bedingung $y(w \to -\infty) = 0$ eingearbeitet.

Das Beispiel nach Bild 28a stellt zum Beispiel den Fall der Reflexion einer Welle an nur einem Umkehrpunkt dar. Wir werden später sehen, daß in
einer Glasfaser den $EP_{\ell p}$-Wellen bei $\ell, p > 1$ zwei Umkehrpunkte $w_{1,2}$ zuzuordnen sind, wobei zwischen diesen Umkehrpunkten das Feld wieder oszilliert

und außerhalb nach beiden Seiten ähnlich einer Exponentialkurve abfällt.
Vom geometrisch-optischen Standpunkt lassen sich diese Umkehrpunkte dann
als Strahlumkehrpunkte deuten.

Bild 28b zeigt einen solchen Verlauf $Q_w^2(w)$ und die entsprechende Lösung
$y(w)$ für den Fall zweier Umkehrpunkte. Uns interessieren jetzt nur die
Lösungen $y_+^{(1,2)}$ im oszillierenden Bereich. In hinreichender Entfernung vom
jeweiligen Umkehrpunkt gelten nun mit (3.66) und (3.67) die WKB-Näherungen

$$y_+^{(1)} \quad = \quad \frac{2A_1}{\sqrt{Q_w}} \quad \cos(\,\tilde{\mu}_1 \,-\, \pi/4) \quad \text{mit} \quad \tilde{\mu}_1 = \int\limits_{w_1}^{w} Q_w dw \qquad (3.69)$$

und

$$y_+^{(2)} \quad = \quad \frac{2A_2}{\sqrt{Q_w}} \quad \cos(-\tilde{\mu}_2 \,+\, \pi/4) \quad \text{mit} \quad \tilde{\mu}_2 = \int\limits_{w}^{w_2} Q_w dw \;. \qquad (3.70)$$

Ausgehend vom Umkehrpunkt 1 dreht die Phase bei $y_+^{(1)}$ von $-\,\pi/4$ über null
zu positiven Werten, wobei der Kosinus und damit die Funktion $y_+^{(1)}$ das
erste Maximum durchlaufen. Entsprechend ist nun die Lösung $y_+^{(2)}$ konstru-
iert. Beginnend bei Werten $w < w_2$ ergibt sich aus (3.70) für hinreichend
großes $\tilde{\mu}_2$ eine negative Phase im Argument des Kosinus, die bei Annäherung
an den Wendepunkt w_2 über null auf $\pi/4$ bei $w = w_0$ anwächst. Der Kosinus
und damit die Funktion $y_+^{(2)}$ durchlaufen dabei gerade das letzte Maximum.

Im mittleren Bereich gelten nun beide Lösungen. Beide Funktionen müssen
daher die zusätzliche Bedingung erfüllen, daß sie in diesem Abschnitt ineinander übergehen. Dazu muß bei $A_1 = A_2$ die Phasendifferenz der Kosinus-
argumente ein Vielfaches von 2π betragen. Wir lassen aber A_2 entsprechend
$A_2 = (-1)^p A_1$ alternieren, wobei p eine ganze Zahl ist; dann muß die Phasendifferenz nur noch ein Vielfaches von π sein. Es gilt also

$$(\,\tilde{\mu}_1 - \pi/4\,) \,-\, (\,-\tilde{\mu}_2 + \pi/4\,) \;=\; (\,p - 1\,)\,\pi\,,$$

oder mit (3.69) und (3.70)

$$\int\limits_{w_1}^{w_2} Q_w\, dw \;=\; (\,p - \frac{1}{2}\,)\,\pi \quad \text{mit } p = 1,2,3 \ldots \;. \qquad (3.71)$$

Das Phasenintegral (3.71) stellt den Schlüssel zu näherungsweisen Berechnung der Ausbreitungseigenschaften der Eigenwellen vielwelliger Fasern dar.
Mit dieser Gleichung wird nämlich eine Bedingung für die Eigenwerte β auf-
gestellt, die in Q_w enthalten sein werden.

Eine Übungsaufgabe behandelt die Berechnung der Energieeigenwerte des harmonischen Oszillators mit Hilfe des Phasenintegrals. Das Ergebnis stimmt
dabei mit der exakten Lösung überein, während die WKB-Funktionen $y_{+,-}$ relativ schlecht die exakten Funktionen approximieren.

Das Phasenintegral schreiben wir nun für die ρ-Skala um. Mit (3.62) gilt
$d\rho = \rho dw$, so daß mit (3.65) anstelle von (3.71) das Phasenintegral

$$\int_{\rho_1}^{\rho_2} Q_\rho \, d\rho = \int_{\rho_1}^{\rho_2} \left[k_0^2(\rho) - \beta^2 - \frac{\ell^2}{\rho^2} \right]^{\frac{1}{2}} d\rho = (p - \frac{1}{2}) \, \pi \qquad (3.72)$$

$$(p = 1,2,3 \ldots)$$

lautet. Dabei sind die Umkehrpunkte $\rho_{1,2}$ durch $Q_\rho^2 = 0$ definiert. Die Bedingung (3.72) stellt für vorgegebenen Brechzahlverlauf und damit gegebenen Verlauf $k_0(\rho)$ eine Bestimmungsgleichung für die Phasenkonstante β als
Funktion der Ordnungen ℓ und p sowie der in k_0 enthaltenen Frequenz dar.
Diese Gleichung liefert für den Eigenwert β eine gute Näherung, solange
die Lösungsfunktion zwischen den Umkehrpunkten zumindest einige Oszillatio-
nen aufweist. Aufgrund unserer Herleitung müssen außerdem immer zwei Umkehrpunkte auftauchen. Dies ist für $\ell = 0$ in (3.64) bei monoton abfallen-
dem $k_0(\rho) \sim n(\rho)$ nicht der Fall. Es zeigt sich aber aufgrund anderer
Näherungsmethoden, daß das Phasenintegral (3.72) auch für $\ell = 0$ gute Nähe-
rungen für β ergibt, wenn nur als innerer Umkehrpunkt $\rho_1 = 0$ genommen wird.
Wir werden später sehen, daß diese Wellen mit $\ell = 0$ und daher rotations-
symmetrischer Feldverteilung im geometrisch-optischen Bild als Lichtstrahlen aufgefaßt werden können, deren Bahn durch die Faserachse verläuft.

Bild 29 veranschaulicht die Bedeutung des Phasenintegrals am Beispiel ei-
nes Brechzahl- beziehungsweise $k_0(\rho)$-Verlaufes, der monoton abfällt. Die
Phasenkonstante β darf nun gerade nur solche Werte annehmen, daß die Q_ρ -
Kurve innerhalb der Umkehrpunkte die Fläche $(p - \frac{1}{2})\pi$ einschließt.

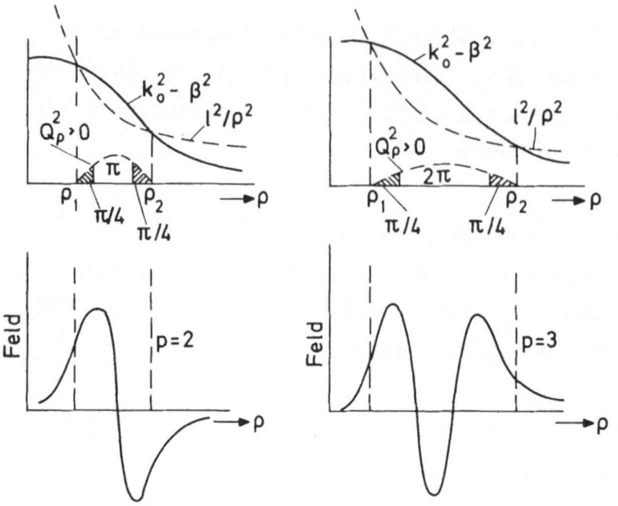

Bild 29
Feldverlauf für verschiedene Werte
des Phasenintegrals nach (3.72)

Für den ansich auszuschließenden Fall p = 1 erhielte man ein Feld mit einem Maximum, für p = 2 ein zusätzliches Minimum und für steigendes p je
einen neuen Extremwert hinzu. In radialer Richtung entstehen also p Schwingungsbäuche. Die durch das Phasenintegral hinzugekommene ganze Zahl p entspricht daher der radialen Ordnung der Welle, während ℓ in (3.72) wieder
die Umfangsordnung angibt. Für gegebenen Verlauf $k_o(\rho)$ können wir nun aus
dem Phasenintegral den Eigenwert $\beta_{\ell p}$ berechnen.

3.5.4 Profilbedingung für minimale Laufzeitstreuung

Nachdem jetzt eine Möglichkeit zur Berechnung der Phasenkonstante bei vielwelligen Fasern gefunden wurde, können wir durch Differentiation nun auch
die Gruppengeschwindigkeit der Wellen bestimmen. In diesem Abschnitt wollen wir gleich einen Schritt weiter gehen und uns die Frage stellen, wie
das Brechzahlprofil geformt werden muß, damit die Laufzeit bei festem V-
Wert von Welle zu Welle am geringsten streut.

Für diese Oberlegungen ist nun die Wellenzahl k_o im Phasenintegral (3.72)
vorzugeben. Dabei spielt scheinbar zunächst nur die Ortsabhängigkeit $k_o(\rho)$
eine Rolle. Für die Berechnung der Gruppenlaufzeit $\tau \sim d\beta/d\omega$ muß aber nun
außerdem die Frequenzabhängigkeit bekannt sein, die durch die Materialei-

genschaften bestimmt wird. Bei Gradientenfasern ändert sich die Stoffzusammensetzung über dem Querschnitt, weil durch Hinzugabe von Fremdstoffen der gewünschte Brechzahlverlauf eingestellt wird. Damit hängt die Brechzahl sowohl von der radialen Koordinate ρ als auch von der freien Wellenlänge λ_0 ab.

Für den n^2-Verlauf schreiben wir daher jetzt

$$n^2(\rho,\lambda_0) \;=\; n_1^2(\lambda_0) \cdot \left[\, 1 \,-\, F(\rho,\lambda_0) \,\right] \;, \tag{3.73}$$

wobei F als Profilfunktion bezeichnet wird und in Bild 18c von F = 0 auf der Faserachse auf $F = 2\Delta_n(\lambda_0)$ bei $\rho = a$ ansteigt. In erster Näherung fällt dann der Brechzahlverlauf relativ um Δ_n ab, wenn wir in (3.73) die Wurzel ziehen.

Wir wollen jetzt im Rahmen der vielwelligen Fasern die normierte Phasenkonstante

$$B \;=\; 1 \,-\, \left[\, \frac{\beta}{k_{oo}n_1} \,\right]^{2} \tag{3.74}$$

verwenden. Das Phasenintegral (3.72) lautet dann mit $k_o = k_{oo}\cdot n(\rho,\lambda_0)$

$$(p - \tfrac{1}{2})\pi \;=\; \int_{\rho_1}^{\rho_2} \frac{1}{\rho}\sqrt{(\rho k_{oo}n_1)^2(B - F(\rho,\lambda_0)) - \ell^2}\; d\rho. \tag{3.75}$$

Die Umkehrpunkte $\rho_{1,2}$ berechnen sich als Nullstellen des Integranden in (3.75).

Aus (3.75) kann man nun durch Differentiation nach λ_0 einen Ausdruck erhalten, der $dB/d\lambda_0$ und damit die Gruppenlaufzeit in einer bestimmten Form enthält. Bei dieser Rechnung ist auch zu berücksichtigen, daß die Grenzen des Integrals von λ_0 abhängen. Diese nicht ganz einfache Rechnung liefert nach einigen weiteren Umformungen, die wir nicht im einzelnen besprechen wollen, folgenden Ausdruck:

$$
\frac{1 - \dfrac{\tau}{\tau_0} \sqrt{1 - B}}{B} = \frac{\displaystyle\int_{\rho_1}^{\rho_2} \left(1 - \frac{P}{2} \right) \frac{F \cdot \rho}{W^*} \, d\rho}{\displaystyle\int_{\rho_1}^{\rho_2} \left(1 + \frac{\rho}{2F} \frac{\partial F}{\partial \rho} \right) \frac{F \cdot \rho}{W^*} \, d\rho} \; . \qquad (3.76)
$$

In dieser Gleichung ist τ die Gruppenlaufzeit der betrachteten Welle, B die
noch unbekannte Phasenkonstante in der normierten Form (3.74) und W^* der
Wurzelausdruck in Gleichung (3.75). Mit

$$
P(\rho, \lambda_0) = \frac{n_1}{N_1} \frac{\lambda_0}{F} \frac{\partial F}{\partial \lambda_0} \qquad (3.77)
$$

wurde eine Größe abgekürzt, die wir als Profildispersion bezeichnen. Wir
werden später sehen, wie die allgemeinere Definition der Profildispersion
nach dieser Gleichung auf die speziellere Größe P_{00} in (3.49) führt. In
(3.76) ist $\tau_0 = LN_1/c_0$ wieder die Laufzeit einer ebenen Welle entlang der
Faserachse, wobei sich der Gruppenindex N_1 auf der Achse mit $n = n_1(\lambda_0)$
aus (3.24) berechnet.

Obwohl die normierte Phasenkonstante B in (3.76) selbst wiederum nur aus
dem Phasenintegral (3.75) berechnet werden kann, stellt dennoch diese Gleichung eine sehr leistungsfähige Beziehung dar, die wir jetzt auswerten wollen.

Dazu wählen wir eine Klasse von Profilen, deren Profilfunktion $F(\rho, \lambda_0)$ der
Bedingung

$$
\frac{1 + \dfrac{\rho}{2F} \dfrac{\partial F}{\partial \rho}}{1 - \dfrac{1}{2} P(\rho, \lambda_0)} \overset{!}{=} D(\lambda_0) \qquad (3.78)
$$

genügt. Der Quotient auf der linken Seite von (3.78) soll also nur eine
Funktion von λ_0 sein. Unter dieser Bedingung reduziert sich die rechte

Seite von (3.76) einfach auf 1/D, und man erhält dann die Gruppenlaufzeit
zu

$$\tau \;=\; \tau_0 \;\frac{1 - \dfrac{B}{D(\lambda_0)}}{\sqrt{1 - B}} \;. \tag{3.79}$$

Bei Profilen, die der willkürlich eingeführten Bedingung (3.78) genügen,
hängt also die Gruppenlaufzeit jeder Welle explizit nur noch von der normierten Phasenkonstanten B, dem Parameter D und der Grundlaufzeit τ_0 ab.
Selbstverständlich gibt es auch ganz andere Profile, für die diese Beson-
derheit nicht gilt. Diese Brechzahlverläufe sollen uns hier aber nicht
interessieren.

Im folgenden wollen wir zwei voneinander unabhängige Fragen untersuchen.
Einmal können wir versuchen, aus der Profilbedingung (3.78) für vorgegebenen Verlauf $D(\lambda_0)$ die Profilfunktion $F(\rho, \lambda_0)$ zu berechnen. Dazu müßten
wir eine partielle Differentialgleichung lösen. Auf der anderen Seite können wir aber auch so tun, als ob das Profil der Profilbedingung (3.78)
bereits genügt und anhand von (3.79) gleich die vorkommenden Laufzeiten
und die Laufzeitstreuung untersuchen. Mit dieser Frage wollen wir uns zu-
erst beschäftigen.

Auf Grund der Bedingung (3.43) kann die Phasenkonstante bei der Stufenprofilfaser nur innerhalb $k_{oo}n_1$ und $k_{oo}n_2$ liegen. Bei Abweichungen vom Stufenprofil ändert sich an dieser Bedingung nichts, und mit Δ_n als relativem
Brechzahlunterschied nach (3.2) variiert die normierte Phasenkonstante
nach (3.74) in der Laufzeitformel (3.79) dann nur innerhalb

$$0 \;<\; B \;<\; 2\,\Delta_n \;. \tag{3.80}$$

Für vorgegebenen Wert $D(\lambda_0)$ läßt sich aus obiger Laufzeitformel für jedes
B innerhalb der Grenzen (3.80) direkt die zugeordnete Laufzeit τ angeben.
Das dazu gehörende Profil ist dann nachträglich anhand der Profilbedingung
zu bestimmen.

Da $D(\lambda_0)$ frei wählbar ist, legen wir für (3.79) D so fest, daß innerhalb
der Grenzen von B die Laufzeit von Welle zu Welle am geringsten streut.

Man kann nun anhand von (3.79) nachweisen, daß unter Berücksichtigung obiger Grenzen die Laufzeitstreuung minimal wird, wenn

$$D = D(\lambda_0)_{opt} = 1 + \sqrt{1 - 2\Delta_n(\lambda_0)} \qquad (3.81)$$

gewählt wird. Für die Grenzwerte $B = 0$ und $B = 2\Delta_n$ berechnet sich mit $D = D_{opt}$ aus (3.79) eine Laufzeit $\tau = \tau_0$, die nach Bild 30 an diesen Grenzen gerade maximal wird. Die kleinste Gruppenlaufzeit bestimmt sich für Wellen mit $B = 1 - \sqrt{1 - 2\Delta_n}$, also einem Wert etwa in der Mitte des Intervalls (3.80). Setzt man diesen Wert in (3.79)

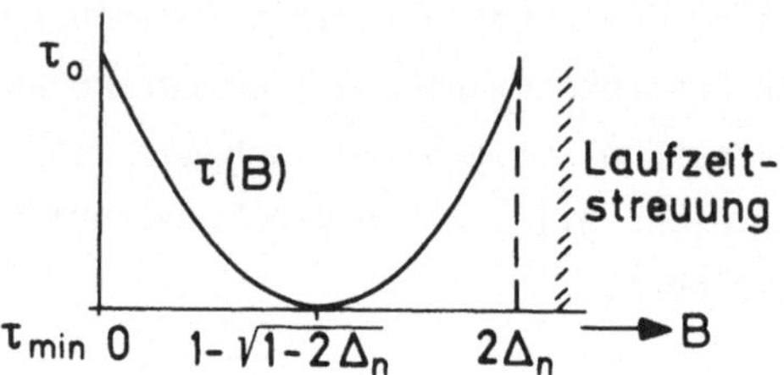

Bild 30 Laufzeit bei Gradientenfaser mit optimaler Profilfunktion als Funktion der normierten Phasenkonstanten B nach (3.74)

ein, läßt sich die minimale Gruppenlaufzeit τ_{min} mit der maximalen Laufzeit $\tau_0 = L \cdot N_1/c_0$ vergleichen. Es entsteht dann eine Laufzeitstreuung, die wegen der Wahl von D nach (3.81) den minimalen Wert

$$\Delta\tau_{s\,min} = |\tau_0 - \tau_{min}| = \tau_0 \frac{\left[1 - (1 - 2\Delta_n)^{\frac{1}{4}}\right]^2}{1 + \sqrt{1 - 2\Delta_n}} \qquad (3.82)$$

annimmt. Mit der Näherung $\Delta_n \ll 1$ erhalten wir anstelle von (3.81) und (3.82) die vereinfachten Formeln

$$D_{opt} = 2 - \Delta_n \qquad (3.83)$$

und

$$\Delta\tau_{s\,min} = \frac{\Delta_n^2}{8} \tau_0 \,. \qquad (3.84)$$

Wir stellen also fest, daß man bei einer Wahl des Profils entsprechend der Bedingung (3.78) mit dem optimalen Parameter D nach (3.83) immer die minimale Laufzeitstreuung (3.84) erhält.

Bevor wir nun die Frage nach dem dazugehörigen Profil beantworten, wollen wir die Laufzeitstreuung quantitativ auswerten. Mit (3.2) und (3.42) drükken wir dazu zunächst den relativen Brechungsindexunterschied durch die numerische Apertur der Faser aus. Wegen $n_1 \simeq n_2$ gilt näherungsweise

$$\Delta_n \ = \ \frac{1}{2} \ (\frac{NA}{n_1})^2 \ . \tag{3.85}$$

Eine vielwellige Gradientenfaser mit typischerweise NA = 0,2, n_1 = 1,5 und damit Δ_n = 0,009 zeigt bei τ_0 = 5 µs Grundlaufzeit über 1 km nach (3,84) nur eine Laufzeitstreuung von 50 ps.

Hierbei ist nun anzumerken, daß die Abhängigkeit $\Delta_n(\lambda_0)$ sowohl D_{opt} nach (3.83), aber auch die Laufzeitstreuung in (3.84) wellenlängenabhängig werden läßt. In der minimal möglichen Laufzeitstreuung macht sich eine solche Änderung in Δ_n nur unwesentlich bemerkbar, solange diese Änderung schwach ist. Für das Profil ist aber dieser Effekt von fundamentaler Bedeutung. Wir werden sehen, daß bereits kleinste Abweichungen des Profilparameters D vom optimalen Wert D_{opt} die Laufzeitstreuung um Zehnerpotenzen ändert.

Als Ergebnis können wir an dieser Stelle feststellen, daß man bei Gradientenfasern durch geeignete Wahl der Profilfunktion $F(\rho,\lambda_0)$ extrem geringe Laufzeitunterschiede zwischen den Wellen erhält. Da in (3.84) die Grundlaufzeit τ_0 der ebenen Welle wegen der Frequenzabhängigkeit des Brechungsindex n_1 nach wie vor von der Frequenz abhängt, entstehen für jede Spektralkomponente unterschiedliche Laufzeiten. Die früher behandelte Materialdispersion bleibt also auch hier grundsätzlich erhalten, solange man im Wellenlängenbereich um 0,85 µm arbeitet. Nur können wir jetzt bei Gra - dientenfasern durch sorgfältige Profilgebung dafür sorgen, daß nicht noch zusätzliche Laufzeitunterschiede durch die von Welle zu Welle unterschiedliche Steigung in der $\beta(\omega)$-Kurve hinzukommen. Die dadurch bei der Stufenprofilfaser entstehende Laufzeitstreuung von ca. 40 ns kann beim optimalen Profil um etwa drei Zehnerpotenzen reduziert werden. In manchen Fällen überwiegt dann die Materialdispersion, wie in Kapitel 3.4.4 besprochen.

3.5.5 Profilbestimmung

In diesem Abschnitt werden wir nun die Frage beantworten, wie diese Faser beschaffen sein muß, deren optimale Eigenschaften wir kurioserweise schon kennen.Dazu müssen wir nur die Profilbedingung auswerten, die unseren Überlegungen zugrunde liegt. Diese Gleichung stellt nun unsere Dimensionierungsvorschrift für die Profilfunktion $F(\rho,\lambda_0)$ dar.

Mit (3.77) und (3.78) liegt für vorgegebenen Verlauf $D(\lambda_0)$ eine partielle Differentialgleichung zur Bestimmung von $F(\rho,\lambda_0)$ vor. Das ganze Problem vereinfacht sich beträchtlich, wenn wir die Differentialgleichung nur für einen festen Wert λ_0 lösen. Nach (3.77) ist dann nur die Kenntnis der ersten partiellen Ableitung $\partial F/\partial\lambda_0$ bei λ_0 notwendig. Wir nehmen daher nun alle Werte an einer festen Stelle $\lambda_0 = \lambda_{00}$ und kennzeichnen dies bei den Funktionen durch einen Index "0". Mit $P(\rho,\lambda_{00}) = P_0(\rho)$, $F(\rho,\lambda_{00}) = F_0(\rho)$ und $D(\lambda_{00}) = D_0$ erhält man aus (3.78), wenn man die partiellen Ableitungen durch gewöhnliche Ableitungen ersetzt, die Gleichung

$$\frac{\rho}{F_0(\rho)}\frac{dF_0}{d\rho} = D_0\left[\,2 - P_0(\rho)\,\right] - 2\,,$$

oder nach Trennung der Variablen und Integration über F_0 von $F_0(\rho)$ bis zu dem an der Stelle $\rho = a$ festgelegten Wert $F_0(a) = 2\Delta_n$

$$F_0(\rho) = 2\,\Delta_n\,\exp\left[\int_a^\rho \frac{D_0(\,2 - P_0(\rho'))\,) - 2}{\rho'}\,d\rho'\right] \quad (3.86).$$

Wenn die Ortsabhängigkeit der Profildispersion $P_0(\rho)$ vorgegeben wird, läßt sich die Profilklasse $F_0(\rho)$ berechnen, die bei $\lambda_0 = \lambda_{00}$ der Bedingung (3.78) genügt. Da die feste Stelle λ_{00} frei wählbar ist, schreiben wir im folgenden einfach wieder λ_0.

Im einfachsten Fall ist die Profildispersion mit $P_0(\rho) = P_{00}$ konstant und hängt bei λ_0 nicht mehr vom Ort ab. Für diesen Fall ortsunabhängiger Profildispersion liefert die Integration von (3.86) sofort ein Potenzprofil der Form

$$F_0(\rho) \;=\; 2\,\Delta_n \cdot (\rho/a)^{\alpha} \qquad\qquad (3.87)$$

mit dem charakteristischen Exponenten

$$\alpha \;=\; D_0\,(\,2 - P_{00}\,) \;-\; 2 \;. \qquad\qquad (3.88)$$

Durch die freie Wahl des Parameters D_0
kann man den Exponenten α variieren
und damit eine ganze Klasse von Profilen beschreiben, die in Bild 31 skizziert ist und mit $\alpha = 2$ das quadratische und $\alpha \to \infty$ auch das Stufenprofil
einschließt.

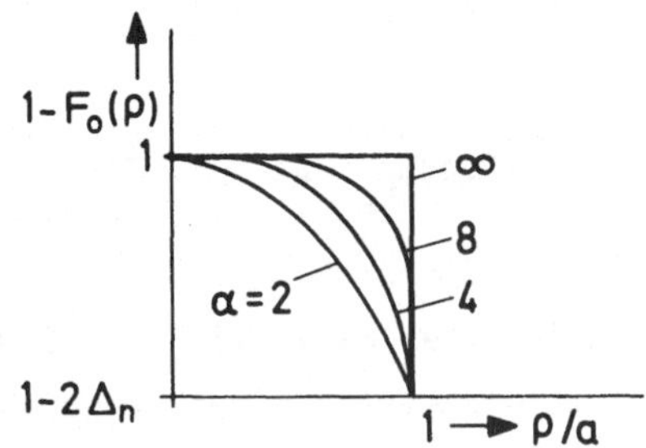

Bild 31 Potenzprofile von Gradientenfasern

Die geringste Laufzeitstreuung (3.84)
liefert gerade das Profil, für das der
Exponent α mit D_{opt} nach (3.83) be-
rechnet wird. Für dieses optimale Profil muß bei ortsunabhängiger Profildispersion der Exponent nun folgenden Wert annehmen

$$\alpha_{opt}(\lambda_0) \;=\; 2 - 2(\,\Delta_n + P_{00}\,) + \Delta_n\,P_{00} \;, \qquad\qquad (3.89)$$

wobei sich die Profildispersion $P_{00} = P(\rho,\lambda_0)$ bei λ_0 mit F nach (3.87) zu

$$P_{00} \;=\; \frac{n_1}{N_1}\,\frac{\lambda_0}{\Delta_n}\,\frac{d\Delta_n}{d\lambda_0} \qquad\qquad (3.90)$$

ergibt. Wenn die Profildispersion aufgrund der verwendeten Materialien
ortsabhängig ist, ergibt die Integration in (3.86) ein anderes Profil
$F_0(\rho)$, für das aber wieder die minimale Laufzeitstreuung $\Delta_n^2\tau_0/8$ gilt, solange nur der Parameter D auf seinen optimalen Wert nach (3.83) eingestellt wird. Eine ortsunabhängige Profildispersion liegt immer bei der
Stufenprofilfaser vor, weil sich innerhalb des Kern- und Mantelbereiches
die Stoffverteilung räumlich nicht ändert. Diesen Effekt hatten wir im Zusammenhang mit der Laufzeitänderung der Wellen der Stufenprofilfaser in

Gleichung (3.49) bereits berücksichtigt und die Profildispersion für diesen Sonderfall entsprechend (3.90) eingeführt.

Der einfachste Fall liegt vor, wenn in (3.73) die Wellenlängenabhängig -
keit des Brechzahlprofils bereits durch $n_1(\lambda_0)$ beschrieben wird und die
Profilfunktion nicht von der Wellenlänge abhängt. Der relative Brechzahlunterschied Δ_n ist dann auch noch konstant, und wir erhalten mit $P_{oo} = 0$
in (3.90) als optimales Profil ein Potenzprofil nach (3.87) mit dem optimalen Exponenten

$$\alpha_{opt}\Big|_{P_{oo}=0} \;=\; 2 - 2\,\Delta_n. \tag{3.91}$$

Im einfachsten Fall mit $P_{oo} = 0$ wirkt die Dispersion des Stoffes im Querschnitt einheitlich. Bei ortsunabhängiger Profildispersion mit $P = P_{oo}$
ist neben der Brechzahl n_1 auf der Achse auch noch der relative Brechzahlunterschied wellenlängenabhängig. Im Falle ortsabhängiger Profildispersion
hängt die Brechzahl noch allgemeiner von ρ und λ_0 ab. Welcher Fall nun
vorliegt, hängt bei Gradientenfasern von der Stoffzusammensetzung ab.

3.5.6 Laufzeitstreuung bei Abweichungen vom optimalen Profil

Die bisherige Rechnung liefert uns für eine feste Wellenlänge λ_0 immer ein
optimales Profil, ganz gleich, wie die Profildispersion beschaffen ist.
Bei einer anderen Betriebswellenlänge weist die einmal so hergestellte Faser dann aber ganz andere Eigenschaften auf. Wegen der Wellenlängenabhängigkeit $\Delta_n(\lambda_0)$ ist zum Beispiel bei ortsunabhängiger Profildispersion
auch P_{oo} und damit der optimale Exponent α_{opt} in (3.89) von der Wellen -
länge abhängig. Bei Variation der Wellenlänge fordern unsere Gleichungen
also einen anderen Exponenten, der von dem vorliegenden abweicht. Nach
(3.89) liegt mit Δ_n, $P_{oo} \ll 1$ der Wert α_{opt} immer im Bereich um zwei, so
daß das Profil etwa quadratisch verläuft. Von besonderem Interesse ist nun
die Frage, wie genau dieser Exponent einzuhalten ist.

Wir formulieren diese Frage etwas allgemeiner, indem wir fragen, wie genau der Parameter D auf seinen optimalen Wert einzustellen ist. Wie ohne
Herleitung angegeben sei, lautet mit

$$|\delta| = \frac{|D - D_{opt}|}{D_{opt}} \qquad\qquad (3.92)$$

als relativem Fehler in D die Laufzeitstreuung $\Delta\tau_s$ bei Fehleinstellung bezogen auf die minimale Laufzeitstreuung $\Delta_n^2\tau_0/8$

$$\frac{\Delta\tau_s}{\Delta\tau_{s\ min}} = \left(1 + \frac{2\ |\delta|}{\Delta_n} \right)^2 \quad \text{mit} \quad \delta \ll 1 \ . \qquad (3.93)$$

Bei Potenzprofilen gilt für $\alpha = 2$ nach (3.88) auch $D_0 = 2$, sofern $P_{00} \ll 1$ ist. Wenn der Parameter D vom optimalen Wert relativ nur um $|\delta| = 1\%$ abweicht, erhält man für eine Faser mit NA = 0,2 (Δ_n = 0,009) eine Lauf - zeitstreuung, die gegenüber dem optimalen Wert bereits um den Faktor 10 erhöht ist. Diese außergewöhnliche Empfindlichkeit der Dispersionseigenschaften gegenüber Fehleinstellungen des Parameters D, beziehungsweise bei Potenzprofilen des Exponenten α, stellt außerordentliche Anforderungen an die Technologie bei der Faserherstellung. Je nach Materialzusammensetzung muß man für gegebene Profildispersion $P_0(\rho)$ das sich aus (3.86) ergebende Profil $F_0(\rho)$ extrem genau realisieren.

Selbst wenn das Profil bei der Arbeitswellenlänge exakt eingestellt wurde, so ergibt sich aber auch bei jeder Abweichung davon eine Vergrößerung der Laufzeitstreuung, da in unseren Gleichungen mit ihren sehr empfindlichen Bedingungen wellenlängenabhängige Größen vorkommen. Die Tatsache, daß die Faser jetzt nur für eine Wellenlänge optimiert ist, rührt einfach daher, daß wir unsere Profilbedingung (3.78) bei der Auswertung in (3.86) nur bei einer festen Wellenlänge λ_0 erfüllt haben.

In einer Fortführung der Überlegungen kann man weitergehende Forderungen stellen, zum Beispiel die Forderung, daß sich bei Abweichungen von λ_0 die Eigenschaften der Faser nur unwesentlich ändern. Man könnte auch versuchen, den Lichtwellenleiter in Hinblick auf einen Frequenzmultiplexbetrieb für zwei unterschiedliche Wellenlängenbereiche zu dimensionieren. All diese Sonderfragen erfordern neben größerem mathematischen Aufwand auch genaue Kenntnisse der verwendeten Materialien, womit wir uns nicht beschäftigen.

Für viele praktische Anwendungen benötigt man nicht unbedingt Lichtwellenleiter mit extrem geringer Laufzeitstreuung. Man kann dann durchaus ein -
fachere Herstellungsverfahren anwenden, die sich dafür aber durch große
Wirtschaftlichkeit auszeichnen. Für die Praxis ist daher auch die Frage
wichtig, welche Laufzeitstreuung bei noch größeren Abweichungen vom optimalen Profil zu erwarten sind. Dieses Problem wollen wir am Beispiel ortsunabhängiger Profildispersion $P = P_{00}$ untersuchen, indem wir den Exponenten α des Potenzprofils variieren.

Mit $D = D_0$ aus (3.88) läßt sich aus (3.79) die Laufzeitstreuung bestimmen,
wenn man den Variationsbereich (3.80) der normierten Phasenkonstante B
berücksichtigt. Nach Aufgabe 3.19 treten dabei je nach Größe von α verschiedene Fälle auf. Für $\alpha > 2(1-P_{00})$ gilt außer in der unmittelbaren Um-
gebung von $\alpha \simeq 2(1-P_{00})$ für die Laufzeitstreuung dann

$$\Delta\tau_s = \Delta_n \frac{|\alpha - 2(1-P_{00})|}{\alpha + 2} \tau_0 \qquad (3.94)$$

mit P_{00} nach (3.90). Wie ohne Beweis angegeben sei, gilt diese Gleichung
(3.94) im Falle $P_{00} = 0$ auch für Exponenten $\alpha < 2$, wobei jetzt $\alpha \simeq 2$ ausgeschlossen ist. Für $\alpha \to 2(1-P_{00})$ verschwindet die Laufzeitstreuung in
erster Näherung. Ganz in der Nähe liegt das optimale Profil mit dem Exponenten nach (3.89). Bei der Stufenprofilfaser mit $\alpha \to \infty$ lautet andererseits die Laufzeitstreuung $\Delta_n\tau_0$, die mit dem Ergebnis nach (3.56) übereinstimmt, wenn $n_1 - n_2 \simeq N_1 - N_2$ und $V \gg 1$ angenommen wird. Für eine
Materialzusammensetzung mit $P_{00} = 0$ ergibt ein Profil mit $\alpha = 2{,}4$ nach
(3.94) bereits eine gegenüber der Stufenprofilfaser um den Faktor 10 ge-
ringere Laufzeitstreuung. Solche Profilverläufe lassen sich in der Praxis
mühelos realisieren. Bei sorgfältiger Einstellung auf α_{opt} verringert
sich die Laufzeitstreuung dann aber noch einmal um zwei Zehnerpotenzen auf
den Wert $\Delta_n^2\tau_0/8$.

Bild 32 zeigt für Lichtwellenleiter, die zur Einstellung des Brechzahlverlaufes mit GeO_2 dotiert sind, einen typischen Verlauf des optimalen
Exponenten in Abhängigkeit von der Wellenlänge. Im interessierenden Wellenlängenbereich von 0,8 bis 1,6 µm nimmt der Exponent um etwa 10% ab.
Diese Veränderung ist sehr groß, wenn man bedenkt, daß 1% Fehleinstellung

des Parameters D nach (3.93) die
Laufzeitstreuung um den Faktor 10
erhöht.

Welche drastischen Auswirkungen
Abweichungen vom optimalen Exponenten auf die Laufzeitstreuung haben, zeigt Bild 33. Diese
Kurven wurden mit Hilfe der in
Aufgabe 3.19 herzuleitenden Formeln berechnet. Bei 1% relativer
Abweichung in D_o bestimmt sich
aus (3.88) eine relative Abweichung von etwa 2% im Exponenten
α, wenn wir P_{oo} = 0 zugrunde legen. Für diesen Fall zeigt die
Kurve bei 98% von α_{opt} = 1,98,
also bei α = 1,94, die oben ange-
sprochene Laufzeiterhöhung um
den Faktor 10.

Im übrigen erkennt man auch deutlich die Verschiebung des optimalen Exponenten bei Profildi -
spersion. Stellt man in dem guten Glauben, daß keine Profildispersion vorliegt, den Exponenten auf den für P_{oo} = 0
gültigen Wert 1,98 ein, dann beobachtet man bei einem Material
mit P_{oo} = - 0,1 eine um den
Faktor 100 größere Laufzeitstreuung.

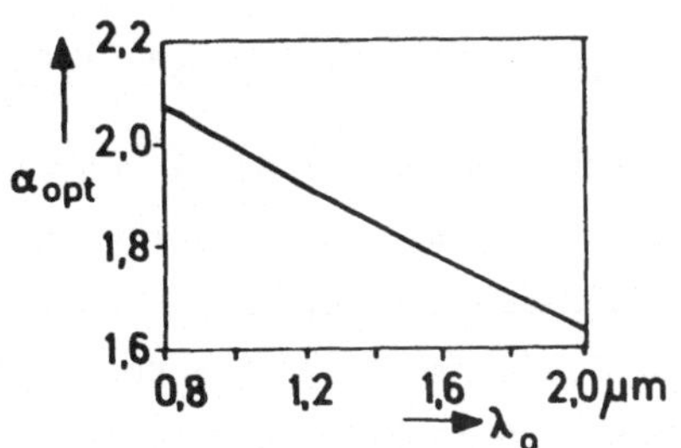

Bild 32 Typischer Verlauf des optimalen Exponenten α bei GeO_2-dotierten Quarzfasern

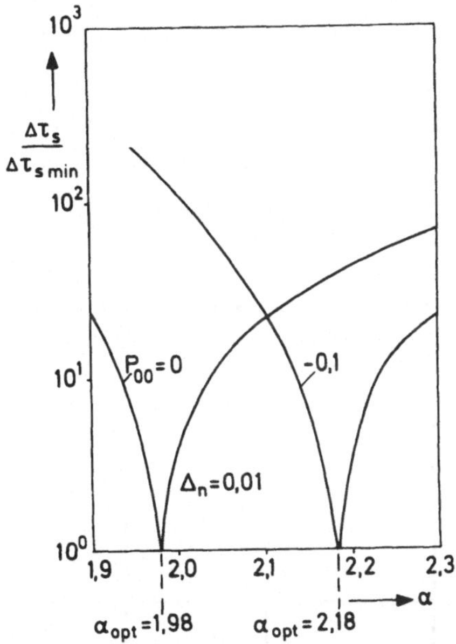

Bild 33 Laufzeitstreuung von Gradientenfasern mit ortsunabhängiger Profildispersion nach (3.90) in Abhängigkeit vom Exponenten α

An dieser Stelle wollen wir die quantitativen Untersuchungen abschließen.
Ganz bewußt wurden nicht alle Gleichungen genau hergeleitet, um nicht das
Verständnis der Vorgänge bei Gradientenfasern unnötig zu erschweren.

3.5.7 Dispersionseinflüsse bei Gradientenfasern

In den vorhergehenden Kapiteln wurde eingehend diskutiert, wie das Profil beschaffen sein muß, damit minimale Laufzeitstreuung zwischen den Wellen auftritt. Neben der Laufzeitstreuung ist weiterhin die Dispersion $B_L \frac{d\tau}{df}$ innerhalb jeder Welle zu berücksichtigen. Für die Grundwelle können wir mit den Kenngrößen in Bild 26 diesen Anteil aus (3.49) für die Stufenprofil - faser berechnen. Wie bei der Grundwelle werden wir auch bei allen anderen Wellen bei der Dispersion innerhalb der Welle einen überwiegenden Anteil durch Materialdispersion erwarten. An diesen Verhältnissen ändert sich sicherlich nichts, wenn wir vom Stufenprofil auf ein Profil mit graduellem Abfall übergehen. Erst bei $\lambda_0 \approx 1,3$ µm verschwindet wieder die Material- dispersion oder wird zumindest sehr klein. Tabelle 2 zeigt eine Übersicht der verschiedenen Einflüsse, wobei für LED 10 THz und für Halbleiterlaser 1 THz Emissionsbandbreite angenommen wurden. Diese Tafel dient allein der besseren Übersicht und gibt daher nur sehr grobe Richtwerte an. Ergänzend ist auch noch die einwellige Faser aufgeführt.

Tabelle 2 Richtwerte für Dispersionseffekte bei Glasfasern (1 km Kabellänge)
D = Wellenleiterdispersion + Materialdispersion
L = Laufzeitstreuung

		0,85 µm		≈ 1,3 µm	
		D	L	D	L
$\alpha = \alpha_{opt}$	LED	3 ns	50 ps	100 ps	50 ps
	Laser	0,3 ns		10 ps	
$\alpha \approx 2$	LED	3 ns	1 ns	100 ps	1 ns
	Laser	0,3 ns		10 ps	
$\alpha = 3$	LED	3 ns	5 ns	100 ps	5 ns
	Laser	0,3 ns		10 ps	
einwellig	Laser	0,3 ns	-	bei Komp. < 1 ps	-

Während die Laufzeitstreuung nur vom Brechzahlprofil und den damit verbundenen Materialeigenschaften abhängt, wird die Dispersion der einzelnen
Welle auf der einen Seite von der Emissionsbandbreite der Quelle bestimmt,
auf der anderen Seite durch die Laufzeitänderungen $\frac{d\tau}{d f}$ mit Wellenleiter-
und Materialdispersionsanteil. Bei der einwelligen Faser ist grundsätzlich
eine Kompensation möglich, im vielwelligen Betrieb dagegen nicht, weil
sich nicht alle Wellen gleichzeitig in der richtigen Weise beeinflussen
lassen. In diesem Fall verbleibt immer ein typischer Wert von 10 ps/THz km,
selbst wenn die Materialdispersion verschwindet. Verglichen mit der Laufzeitstreuung spielt dieser Effekt daher nie eine entscheidende Rolle. Das
Material nimmt also auf der einen Seite Einfluß auf die Laufzeitstreuung,
weil der optimale Exponent durch wellenlängenabhängige Materialeigenschaften bestimmt wird. Auf der anderen Seite hängt natürlich der Materialdispersionsfaktor M in der Laufzeitänderung von der Stoffzusammensetzung
ab.

Die Streuung der tatsächlich vorkommenden Laufzeiten hängt in der Praxis
nicht so sehr von der Art der Lichtquelle ab, sofern wir mit Halbleiterlaser oder erst recht mit LED arbeiten. Diese Quellen strahlen meist in
einem so breiten Öffnungswinkel, daß die mögliche Streuung der Laufzeiten,
wie wir sie immer berechnet haben, auch tatsächlich vorkommt. Bei großem
Öffnungswinkel des eingekoppelten Lichtstrahls werden nämlich gerade die
Eigenwellen hoher Ordnung angeregt. Letztlich verhält sich ein Halbleiterlaser auch nicht viel anders als eine LED, bei der - wie wir noch be -
sprechen werden - alle Wellen am Faseranfang gleichmäßig angeregt werden.

Tabelle 2 zeigt im übrigen auch, daß Gradientenfasern ganz ausgezeichnete
Breitbandeigenschaften aufweisen. Eine einwellige Faser im Bereich um
1,3 μm Betriebswellenlänge weist sicherlich die geringste Dispersion auf,
aber auch mit einer Gradientenfaser lassen sich Kabel mit Bandbreiten
> 1 MHz · km pro verseilter Faser aufbauen. Insbesondere unter Berück -
sichtigung noch anderer Aspekte eignen sich in der Praxis solche Gradientenfasern daher manchmal ebenso gut oder sogar besser als einwellige
Fasern, sofern nicht extreme Anforderungen an die Bandbreite gestellt werden.

Ausgehend von diesen qualitativen Überlegungen wollen wir im nächsten Abschnitt die Pulsverbreiterung in vielwelligen Gradientenfasern besprechen.

3.5.8 Pulsverbreiterung

Für die Übertragung von Nachrichten, die oft in Form digitaler Signale vorliegen, ist wieder das Impulsübertragungsverhalten von Interesse. In den vorangehenden Kapiteln haben wir die Dispersionseffekte eingehend untersucht und festgestellt, daß bei einer vielwelligen Gradientenfaser in der Regel bei 0,85 µm Wellenlänge Materialdispersion und Laufzeitstreuung und in der Nähe der Wellenlänge minimaler Materialdispersion bei 1,3 µm nur Laufzeitstreuung als wesentliche Effekte zu berücksichtigen sind.

Zur Bestimmung der Impulsantwort der Faser auf einen sehr kurzen Eingangsimpuls hin sind eine Vielzahl von Faktoren zu beachten, die über die bisherigen Überlegungen hinausgehen. Diese für die Praxis wichtigen Fragen wollen wir in diesem Abschnitt wieder qualitativ beantworten.

Zur Beurteilung des Impulsübertragungsverhaltens muß zunächst bei der Lichteinkopplung am Faseranfang darüber eine Angabe gemacht werden, wie sich das eingestrahlte Licht auf die verschiedenen ausbreitungsfähigen Wellen aufteilt. Man kann nun nachweisen, daß eine LED alle Wellen gleichmäßig stark anregt, wenn die LED-Fläche gleich der Fläche des Faserkerns ist. Bei Halbleiterlasern liegen die Verhältnisse qualitativ ganz ähnlich; dennoch werden wegen der kleineren Leuchtfläche des Lasers in manchen Fällen bestimmte Wellengruppen bevorzugt angeregt. Bei Lasern besteht in der Frage der Leistungsaufteilung nicht zuletzt deshalb oft eine große Unsicherheit, weil neben der Vielzahl von Lasertypen mit ihren ganz unterschiedlichen Strahlungseigenschaften auch die Einkoppeltechnik von ganz entscheidender Bedeutung ist und daher berücksichtigt werden muß. Bei LED liegen die Verhältnisse einfacher.

Nachdem sich nun die Leistung auf die Wellen aufgeteilt hat, wandert die betrachtete Welle mit der entsprechenden Gruppenlaufzeit τ , die nur innerhalb des Bereiches $\Delta\tau_s$ streuen kann. Wenn nur Materialdispersion und Laufzeitstreuung vorkommen (0,85 µm), wird jede Welle bei gaußförmigem Emissionsspektrum einen Beitrag in Form eines gaußförmigen Ausgangsimpulses liefern, dessen Breite sich aus (3.53) berechnet, wobei für $d\tau/df$ nur der Materialdispersionsanteil nach (3.27) einzusetzen ist. Diese Einzelimpulse erfahren unterschiedliche Laufzeiten τ, die von Welle zu Welle zwar dicht beeinander liegen, aber doch innerhalb $\Delta\tau_s$ streuen können. Ein

leistungsmessender Photodetektor liefert am Faserende dann einen Stromim -
puls, der bei geringer Materialdispersion sogar noch schmaler als $\Delta\tau_S$ wird,
wenn sich die tatsächlich vorkommenden Laufzeiten der Wellen z.B. in der
Mitte des Streuintervalls $\Delta\tau_S$ häufen. Bei der Stufenprofilfaser mit $\alpha \to \infty$
und bei der Gradientenfaser mit $\alpha = 2$ liegen die möglichen diskreten Laufzeiten der einzelnen Wellen auf der Laufzeitachse innerhalb des Streu -
intervalls gerade in äquidistanten Abständen, wie ohne Beweis angegeben
sei. Bei gleichmäßiger Anregung aller Wellen mit LED entsteht dann etwa
ein Rechteckimpuls der Breite $\Delta\tau_S$ als Überlagerung all dieser Einzelimpulse. Bei anderen Profilen liegen die Laufzeiten und damit die Impulsbei-
träge aber nicht gleichmäßig dicht verteilt, und es entstehen ganz andere
Ausgangsimpulsformen mit Impulsbreiten $< \Delta\tau_S$.

Andere Impulsformen entstehen aber auch dann, wenn die ansich möglichen
Laufzeiten nicht vorkommen, weil die entsprechenden Wellen keine Leistung
führen. Durch unterschiedliche Anregung der Wellen tritt dieser Fall bei
Laser oft auf. Selbst bei gleichmäßiger Anregung mit LED führt aber auch
die unterschiedliche Dämpfung der Wellen, über die wir bislang noch nicht
gesprochen haben, wieder dazu, daß der Impuls seine ursprüngliche Form
verändert. Bei all diesen komplizierten Verhältnissen können wir aber dennoch eine Abschätzung angeben. Bei alleiniger Laufzeitstreuung muß die
1/e-Ausgangsimpulsbreite der Impulsantwort immer kleiner als die Laufzeitstreuung $\Delta\tau_S$ sein. Dieser Wert stellt daher eine Abschätzung zur sicheren
Seite hin dar. Wenn wir nun bei der vielwelligen Faser sowohl eine
Materialdispersion $\Delta\tau_M$ als auch eine Laufzeitstreuung $\Delta\tau_S$ berücksichtigen
müssen, dann läßt sich die 1/e Ausgangsimpulsbreite T_2 bei einer 1/e -
Eingangsimpulsbreite T_1 aus

$$T_2 = \sqrt{T_1^2 + \Delta\tau_M^2 + \Delta\tau_S^2} \qquad (3.95)$$

abschätzen, wobei wir die Effekte quadratisch addieren. In dem Ausdruck
für $\Delta\tau_M$ nach (3.26) ist für Δf die 1/e-Breite der Emissionslinie einzusetzen. Für die Laufzeitstreuung ist auf die Gleichungen (3.84) oder
(3.94) zurückzugreifen. Gleichung (3.95) faßt nun die wesentlichen Effekte
bei vielwelligen Fasern recht rigoros zusammen und liefert eine sichere
Abschätzung für die Ausgangsimpulsbreite. Über die Impulsform können wir
keine Aussage machen. In manchen Fällen kann man nach Tabelle 2 die Laufzeitstreuung mit all ihren schwer zugänglichen Größen ganz vernachlässigen.

In diesem Grenzfall gilt obige Gleichung exakt und entspricht ganz Gleichung (3.53), die in etwas allgemeinerer Form noch die oft vernachlässig-
bare Modulationsbandbreite enthält.

Die einfache Zusammenfassung der Effekte in der oben angegebenen Weise erscheint noch aus einem anderen Grunde recht sinnvoll. Nach den bisherigen
Überlegungen kann man nicht davon ausgehen, daß die Leistungsaufteilung
zwischen den Wellen entlang der Leitung erhalten bleibt, denn die Wellen
werden unterschiedlich gedämpft. Die Leistungsverteilung ändert sich aber
noch auf Grund eines anderen Effektes: Durch regellose Krümmungen der Faser und durch Geometriestörungen ändern im geometrisch-optischen Bild die
Strahlen ständig ihre Richtung, so daß zum Beispiel die zunächst in einer
relativ langsam laufenden Welle geführte Leistung dann auch einmal in einer schnelleren Welle transportiert wird. Diese sogenannten Eigenwellenumwandlungen sorgen für eine gewisse Kompensation der Laufzeitunterschiede
zwischen den Wellen und reduzieren die Pulsverbreiterung in der Faser gegenüber obigen Werten. Außerordentlich wichtig ist nun die Tatsache, daß
die Laufzeitstreuung bei Eigenwellenumwandlungen nur noch proportional $\sqrt{L}$
mit L als Leitungslänge zunimmt. Die Materialdispersion bleibt davon un-
berührt.

Bei der Berechnung der Laufzeitstreuung kann man nun bei Eigenwellenumwandlungen dieses Wurzelgesetz nachträglich berücksichtigen, indem man in
den Formeln (3.84) oder (3.94) für die Laufzeitstreuung die Grundlaufzeit
jetzt nicht mehr aus $N_1 L/c_0$ berechnet, sondern formal aus $N_1 \sqrt{L\,L_c}\,/c_0$ bestimmt. Die Größe L_c bezeichnet man als Koppellänge, und sie ist ein Maß
dafür, nach welcher Zeit im Mittel die Leistung zwischen den Wellen ausge-
tauscht wird. Die Koppellänge liegt je nach Krümmung und Geometriestörung
des Wellenleiters im Bereich einiger Kilometer. Für $L < L_c$ berechnen wir
wie bislang die Ausgangsimpulsbreite aus (3.95), im Bereich $L > L_c$ ist
diese Gleichung nun auch gültig, wenn nur in den Formeln für die Laufzeitstreuung die Grundlaufzeit in der oben angegebenen Weise berechnet wird.

Wir wollen damit die Ausführungen zur Dispersion bei Glasfasern abschließen und nun wie beim Hohlleiter geometrisch-optische Betrachtungen vorneh-
men. Ein in dieser Richtung vertieftes Verständnis der Vorgänge in Lichtwellenleitern wird sich bei der dann zu behandelnden Lichteinkopplung in
Glasfasern als außerordentlich nützlich erweisen.

3.6 Geometrisch-optische Betrachtungen

Wir hatten zur näherungsweisen Berechnung der Wellen einer vielwelligen
Faser die WKB-Methode eingeführt und dabei angenommen, daß sich im Bereich
einer Wellenlänge die Brechzahl in radialer Richtung nur sehr schwach ändert. Die Welle könnte daher meinen, sie befände sich in einem unendlich
ausgedehnten Medium. Dann würde sie sich wie eine ebene Welle ausbreiten
und als Wellenzahl den lokalen Wert $k_0(\rho)$ nehmen. Tatsächlich kann man die
Wellen einer vielwelligen Faser nun als lokale ebene Wellen auffassen, nur
ist dabei zu berücksichtigen, daß diese ebenen Wellen im Gegensatz zu den
ebenen Wellen im freien Raum einer zusätzlichen Einschränkung unterworfen
sind. Ebenso wie beim Rechteckhohlleiter müssen sich diese ebenen Wellen
in der Faser konstruktiv überlagern und in radialer Richtung sowie in
Umfangsrichtung stehende Wellen bilden. Nach unseren früheren Überlegungen
genügt man dieser Bedingung, indem man nur bestimmte Richtungen zuläßt,
in die sich die ebenen Wellen ausbreiten. Die Ausbreitungsrichtung be -
stimmt dabei der Wellenvektor $\vec{\beta}$, dessen Betrag gleich der Wellenzahl ist.
Wir werden im folgenden den Wellenvektor nach Betrag und Richtung berechnen umd daraus die Bahn eines Lichtstrahls ableiten.

In Kapitel 3.2 hatten wir bei der Ausbreitung ebener Wellen den Wellenvektor $\vec{\beta}$ in seine Richtungen zerlegt und daraus die Richtung der Wellenausbreitung hergeleitet. Anstelle der Bedingung (3.7) tritt bei einer zylindrischen Struktur die Separationsbedingung (3.64), die wir für die Stelle
$\rho = \rho_0$ auch in der Form

$$k_0^2(\rho_0) = \beta_\rho^2 + \beta_\varphi^2 + \beta_z^2 \quad \text{mit} \quad \begin{aligned} \beta_\rho &= Q_\rho \\ \beta_\varphi &= \ell/\rho_0 \\ \beta_z &= \beta \end{aligned} \qquad (3.96)$$

angeben können.   Für die lokale ebene Welle schreiben wir nun wie in
(3.5) einen Exponentialansatz hin, der für die z-Abhängigkeit wieder
$\exp(\pm j\beta z)$ und für die Umfangsabhängigkeit $\exp(\pm j\beta_\varphi \, \rho_0 \varphi)$ lautet, wobei
$\rho_0 \varphi$ der Weg in Umfangsrichtung ist. Vergleicht man diesen Ansatz mit dem
früher benutzten Wellenansatz $\cos\ell\varphi$, $\sin\ell\varphi$ oder $\exp(\pm j\ell\varphi)$ mit ℓ als Umfangsordnung der Welle, dann gilt $\ell = \rho_0 \, \beta_\varphi$. Aus Bild 34 lesen wir die
Komponenten β_φ und $\beta_z = \beta$ des Wellenvektors direkt ab und erhalten dann

die Beziehungen

$$\ell = \rho_0 \, k_0(\rho_0) \, \sin\theta \, \sin\varphi \qquad\qquad (3.97)$$

und

$$\beta = k_0(\rho_0) \, \cos\theta \; . \qquad\qquad (3.98)$$

Einer $EP_{\ell p}$-Welle mit der Ausbrei -
tungskonstanten β und der Umfangsordnung ℓ lassen sich so an jeder
Stelle ρ_0 von der Achse lokale ebene Wellen oder Lichtstrahlen zuordnen, deren Richtung bei ρ_0 durch die
Winkel θ und φ festgelegt ist. Längs
z ändert sich ständig diese Richtung,
weil im allgemeinen die Wellenzahl k_0
ortsabhängig ist. Der Lichtstrahl beschreibt damit nicht mehr eine gerad-
linige Bahn, sondern einen geschwungenen Verlauf. Dabei lenkt der höhere
Brechungsindex auf der Achse den Licht-

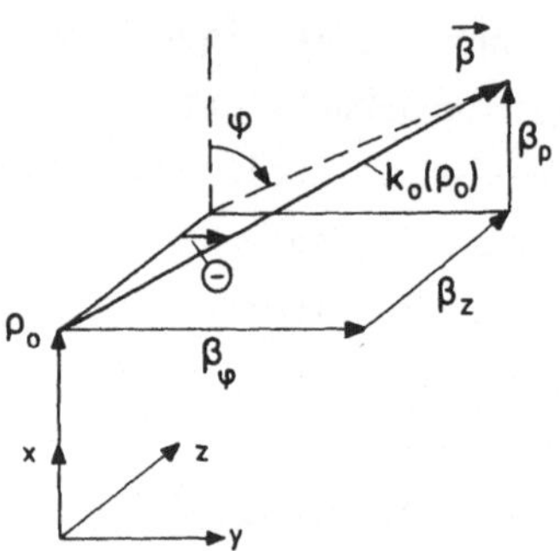

Bild 34 Komponenten des Wellenvektors $\vec\beta$
einer lokalen ebenen Welle in einer vielwelligen Glasfaser

strahl immer wieder zur Achse zurück, denn ebene Wellen werden immer zum
optisch dichteren Medium hin gebrochen. Mit dem Bahnverlauf werden wir uns
später noch genauer beschäftigen.

Die Gleichungen (3.97) und (3.98) verkoppeln die geometrisch-optischen
Größen ρ_0,φ und θ mit den wellenoptischen Größen β und ℓ und ermöglichen
dadurch in vielerlei Hinsicht ein besseres Verständnis der Vorgänge in
vielwelligen Fasern.

Einen Sonderfall stellen in (3.97) Wellen mit der Umfangsordnung $\ell = 0$
dar. Mit $\rho_0 = 0$ oder $\varphi = 0$ handelt es sich nach Bild 34 dann gerade um
Strahlen, die in einer Ebene durch die Achse laufen. Diese meridionalen
Strahlen verkörpern mit $\ell = 0$ gerade die EP_{0p}-Wellen mit rotationssymmetri-
schem Feldbild. Den Wellen mit hoher Umfangsordnung kann man Lichtstrahlen mit relativ großen Winkeln θ und φ zuordnen. Es läßt sich nun zeigen,
daß man bei Gradientenfasern mit $\alpha \approx 2$ etwa Spiralbahnen der Lichtstrahlen

erhält. Die Projektion dieses Bahnverlau-
fes in eine Ebene z = const. beschreibt
dann Ellipsen, deren Halbachsen gerade die
Umkehrpunkte $\rho_{1,2}$ sind, die wir im Zu -
sammenhang mit der WKB-Methode als Nullstellen des Integranden im Phasenintegral
(3.72) festgelegt hatten:

$$k_0^2(\rho_{1,2}) - \beta^2 - \frac{\ell^2}{\rho_{1,2}^2} = 0 \ . \qquad (3.99)$$

Bild 35 Umkehrpunkte $\rho_{1,2}$ als Halbachsen ellipsenförmiger Spiralbahnen

Bei der höchsten Umfangsordnung entartet
die Ellipse in einen Kreis, für $\ell = 0$ in
eine Gerade (meridionale Strahlen). An dieser Stelle ist allerdings anzumerken, daß der Grenzfall des Kreises mit $\rho_1 = \rho_2$ nicht mehr richtig erfaßt wird, weil dann das Phasenintegral verschwindet und die WKB-Methode
versagt.

Stellvertretend für alle Gradientenfasern soll hier ein Potenzprofil mit
$\alpha = 2$ genommen werden, um die Umkehrpunkte einmal explizit zu berechnen.
Mit (3.99) und

$$k_0(\rho) \quad = \quad k_{00} n_1 \left(1 - 2 \Delta_n \left(\tfrac{\rho}{a}\right)^2\right)^{1/2} \qquad (3.100)$$

als ortsabhängiger Wellenzahl bestimmen sich die Umkehrpunkte in Bild 35
zu

$$\left(\tfrac{\rho}{a}\right)_{1,2} = \sqrt{\ \tfrac{1}{2}\left(\tfrac{B}{2\Delta_n}\right) \pm \sqrt{\tfrac{1}{4}\left(\tfrac{B}{2\Delta_n}\right)^2 - \left(\tfrac{\ell}{V}\right)^2}} \quad , \qquad (3.101)$$

wobei V die normierte Frequenz nach (3.41) ist und B die normierte Phasenkonstante nach (3.74), die nur innerhalb $0 < B < 2\Delta_n$ schwankt. Für Wellen
nahe der Grenzfrequenz erhält man aus (3.101) mit $B = 2\Delta_n$ die kritischen
Umkehrpunkte $\rho_{c1,2}$ aus

$$\left(\tfrac{\rho_c}{a}\right)_{1,2} = \sqrt{\ \tfrac{1}{2} \pm \sqrt{\tfrac{1}{4} - \left(\tfrac{\ell}{V}\right)^2}} \ . \qquad (3.102)$$

Meridionale Strahlen durchlaufen mit $\ell = 0$ die Achse und kehren bei $\rho_c = a$ an der Grenze des Kerns um. Die maximale Umfangsordnung ist durch die Bedingung gegeben, daß in (3.102) die innere Wurzel verschwindet. Für solche Helixstrahlen mit $\ell_{max} = V/2$ fallen beide Umkehrpunkte bei $\rho = a/\sqrt{2}$ zusammen. Diese Strahlen erreichen also nicht den Rand. Sie sind den $EP_{\ell 1}$ - Wellen mit $\ell = V/2$ zugeordnet, bei denen wegen der zusammenfallenden Umkehrpunkte die radiale Ordnung den kleinsten Wert annimmt.

Die bisherigen Betrachtungen gelten für alle Gradientenfasern mit $\alpha \simeq 2$. Technisch wichtig sind auch Stufenprofilfasern, bei denen der Strahlverlauf anders aussieht. In diesem Fall $\alpha \rightarrow \infty$ ändert sich in (3.98) im Be - reich $\rho_0 < a$ die Wellenzahl k_0 nicht und eine ebene Welle mit dem Wellenvektor $\vec{\beta}$ läuft im strahlenoptischen Bild mit unveränderter Richtung zur Kern-Mantel-Grenzschicht. Bei $\rho_0 = a$ kehrt in Bild 36 der Lichtstrahl

dann abrupt um. Zum Vergleich ist der geschwungene Strahlverlauf bei parabolischem Profil mit eingezeichnet. In bei - den Fällen werden nur meridionale Strahlen betrachtet.

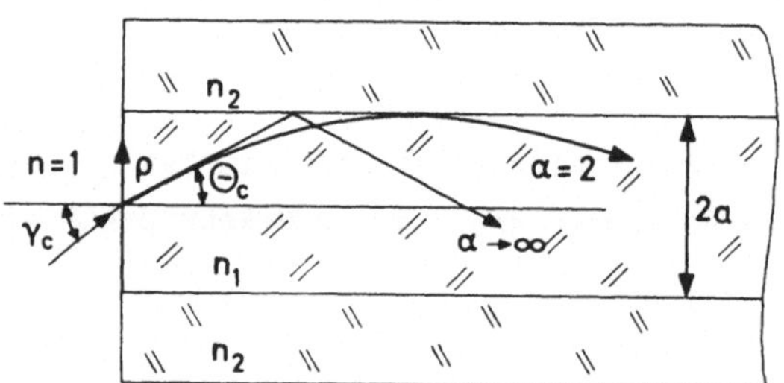

Bild 36 Einkopplung eines meridionalen Strahls in eine vielwellige Faser

Für die Lichteinkopplung ist nun die Frage von Interesse, welchen maximalen Winkel ein bei $\rho = 0$ eingekoppelter Licht - strahl mit der Achse bilden darf, damit er bei $\rho = a$ gerade noch umkehrt, beziehungsweise bei der Stufenprofilfaser gerade noch totalreflektiert wird. Diese Frage untersuchen wir für allgemeines Brechzahlprofil und betrachten dabei aber nur meridionale Strahlen.

Einer EP_{0p}-Welle mit der kleinstmöglichen Phasenkonstanten $k_{00}n_2$ ist ein Meridionalstrahl zugeordnet, der nach (3.98) an der Stelle $\rho_0 = 0$ mit der z-Achse den kritischen Winkel $\theta_c = \arccos(k_{00}n_2/k_0(0))$ bildet. Wegen $k_0(0) = k_{00}n_1$ berechnet sich der kritische Winkel meridionaler Strahlen bei beliebigem Brechzahlverlauf dann immer aus

$$\theta_c = \arccos(n_2/n_1) \; . \tag{3.103}$$

Diese Beziehung hatten wir für die Reflexion ebener Wellen in Bild 19 schon kennengelernt. Nach (3.11) stellte θ_{1t} gerade den Grenzwinkel der Totalreflexion an einer Grenzschicht mit Brechzahlsprung dar. Bei einem gradientenförmigen Profil kehrt in Bild 36 der Strahl allmählich um, und es gibt keine Totalreflexion. Es ergibt sich aber dennoch für diesen Winkel θ_c derselbe profilunabhängige Wert. Grundsätzlich ist also nur der Anfangswert n_1 und der Endwert n_2 maßgebend, der Verlauf dazwischen spielt keine Rolle.

Der kritische Winkel θ_c innerhalb der Faser läßt sich für $n_1 \approx n_2$ durch die relative Brechzahldifferenz oder durch die numerische Apertur in (3.85) ausdrücken. Man erhält dann

$$\sin \theta_c = \sqrt{2\,\Delta_n} = \frac{NA}{n_1} \, , \tag{3.104}$$

wobei $n_1 \approx 1{,}5$ der Brechungsindex auf der Achse ist.

Ein Lichtstrahl, der nach Bild 36 als meridionaler Strahl bei $\rho_0 = 0$ in ein flach abgeschnittenes Faserende einkoppelt, erfährt an der Stirnfläche wegen des Luft-Glas-Überganges noch eine zusätzliche Brechung. Nimmt man im Brechungsgesetz von Snellius nach Gleichung (3.10) wegen der hier anders eingeführten Winkel anstelle des Kosinus den Sinus, lautet die Beziehung für den kritischen Winkel außerhalb der Faser bei meridionalen Strahlen

$$\sin \gamma_c = NA = n_1 \sqrt{2\,\Delta_n} \, . \tag{3.105}$$

Wie in der Optik üblich, bezeichnet die numerische Apertur den Sinus des Öffnungswinkels einer optischen Anordnung. Die Beziehungen für die kritischen Winkel γ_c außerhalb und θ_c innerhalb der Faser gelten nur für meridionale Strahlen, aber für beliebige Profile.

Die Gleichung (3.105) erlaubt nun eine Aussage darüber, bis zu welchem Winkel die Lichtstrahlen einer Lichtquelle von der Faser aufgefangen werden. Mit dieser für die Berechnung der Einkoppelverluste wichtigen Frage werden wir uns aber im nächsten Kapitel noch näher beschäftigen.

Abschließend wollen wir zumindest für meridionale Strahlen den Bahnverlauf
bei beliebigem Profil bestimmen.

Für den Lichtstrahl, der in Bild 37 bei
ρ_0 unter dem Winkel $\theta = \theta_0$ eingekoppelt
wurde, kann man nach (3.98) an beliebi-
ger Stelle ρ den Winkel θ aus

$$k_0(\rho_0) \cos \theta_0 \;=\; k_0(\rho) \cos \theta,$$

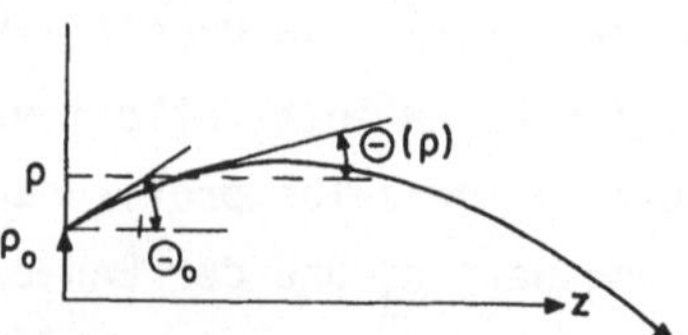

Bild 37 Zur Berechnung der Bahnkurve
meridionaler Strahlen

beziehungsweise mit $k_0(\rho) = k_{00}\, n(\rho)$ aus

$$n(\rho_0) \cos \theta_0 \;=\; n(\rho) \cos \theta \tag{3.106}$$

berechnen. Gleichung (3.106) verallgemeinert das Brechungsgesetz von
Snellius auf den Fall kontinuierlicher Brechzahländerungen. Für die Stei-
gung $d\rho/dz = \tan \theta$ der Bahnkurve in Bild 37 findet man mit (3.106) an der
Stelle ρ dann

$$\frac{d\rho}{dz} \;=\; \frac{1}{\cos\theta_0} \sqrt{\frac{n^2(\rho)}{n^2(\rho_0)} - \cos^2\theta_0} \tag{3.107}$$

und für den Bahnverlauf $z(\rho)$ durch Integration

$$z(\rho) \;=\; \int_{\rho_0}^{\rho} \frac{\cos\theta_0}{\left[\dfrac{n^2(\rho)}{n^2(\rho_0)} - \cos^2\theta_0\right]^{1/2}} \, d\rho \; . \tag{3.108}$$

Wir werten dieses Integral für das Potenzprofil mit $\alpha = 2$ aus, das man mit
$n(\rho) = k_0(\rho)/k_{00}$ Gleichung (3.100) entnehmen kann. Die Integration liefert
dann die arc sin-Funktion oder, wenn man die Umkehrfunktion $\rho(z)$ angibt,

$$\frac{\rho(z)}{a} \;=\; \frac{\sin \theta_0}{\sin \theta_c} \cdot \sin \left[\frac{\sin\theta_c}{\cos\theta_0} \, z/a \right] \; . \tag{3.109}$$

Als Randbedingung ist dabei eine Einstrahlung bei $\rho_0 = 0$ angenommen worden. Außerdem haben wir die relative Brechzahldifferenz in (3.100) durch den kritischen Winkel θ_c nach (3.104) ausgedrückt. Bei parabolischem Profil schwingen die meridionalen Strahlen nun auf sinusförmigen Bahnen, deren Periodenlängen $2\pi a \cos\theta_0/\sin\theta_c$ man direkt aus (3.109) abliest. Für $\Delta_n = 1\%$ und $2a = 60~\mu m$ Durchmesser errechnet sich daraus ein Wert von 1,3 mm.

Während im Zusammenhang mit Glasfasern der Bahnverlauf oft weniger von Interesse ist, kann man aber mit obigen Überlegungen Linsen in Form von Glasstäben dimensionieren, die sich nur in ihren Abmessungen von Gradientenfasern unterscheiden. Diese Stablinsen sind etwa 1-2 mm dick, einige Millimeter lang und werden in der optischen Nachrichtentechnik zum Beispiel zur Verbesserung des Einkoppelwirkungsgrades zwischen Laser und Faser oder für anderweitige Abbildungszwecke benutzt.

Ausgehend von den vorangegangenen geometrisch-optischen Berechnungen werden wir im nächsten Abschnitt nun die Lichteinkopplung in Glasfasern behandeln.

3.7 Lichteinkopplung in Glasfasern

Eine wichtige Aufgabe stellt sich in der optischen Nachrichtentechnik bei der Ankopplung der Lichtquellen an den Lichtwellenleiter. Halbleiterlaser und LED sind dabei die technisch wichtigsten Sender und sollen daher hier auch nur Berücksichtigung finden. Bevor Einzelfragen behandelt werden, sollen einige allgemeine Fragen vorangestellt werden.

Bei vielwelligen Fasern entsteht je nach Einstrahlung eine Leistungsaufteilung auf die Eigenwellen, die durch geeignete Wahl der Anregungsbedingungen durchaus beeinflußbar ist. Man könnte also daran denken, nur bestimmte Wellen oder Wellengruppen anzuregen, um so die Laufzeitstreuung zwischen den Wellen zu verringern und die Impulsaufweitung damit günstig zu beeinflussen.

In der Praxis verzichtet man nun meist auf diese Möglichkeit, weil stabile Anregungsbedingungen mechanisch nur außerordentlich schwer zu realisieren sind. Außerdem werden bei den Glasfasersteckern, die immer im Zuge der Leitung vorkommen, letztlich durch Versatz und Verkippung der Achsen doch

wieder andere Wellen angeregt. Wir gehen daher jetzt stets davon aus, daß
die Lichtquelle nur möglichst verlustarm an die Glasfaser anzuschließen
ist. Das sogenannte Eigenwellenspektrum ändert sich ohnehin und soll uns
daher nicht kümmern.

Die Einkopplung muß nun auf der einen Seite mechanisch stabil ausgeführt
sein, so daß Vibrationen und thermische Ausdehnungen nicht die Einstrahl-
bedingungen verändern. Auf der anderen Seite ist aber auch rückwirkungs-
frei einzukoppeln, denn die Lichtquelle darf nicht durch zurückgestreutes
Licht in ihrer Funktionsweise beeinträchtigt werden. Gerade bei Halbleiterlasern kann es sonst zu erheblichen Funktionsstörungen kommen. Eine Vergütung der Faserstirnfläche kann solche Störungen mindern. LED-Lichtquel-
len sind gegenüber diesen Effekten viel unempfindlicher und erfordern
nicht derartige zusätzliche Maßnahmen.

Wir wollen uns jetzt mit der Frage beschäftigen, mit welchem Wirkungsgrad
das von einer Lichtquelle abgestrahlte Licht in eine vielwellige Faser
einkoppelt. Danach werden wir Methoden zur verbesserten Einkopplung diskutieren und dann auch auf die Anregung einwelliger Fasern eingehen.

Als Einkoppelwirkungsgrad oder Anregungswirkungsgrad definieren wir das
Verhältnis

$$
\eta' = \frac{P_F}{P_L} \quad , \tag{3.110}
$$

wobei P_L die von der Lichtquelle abgestrahlte Leistung und P_F der in die
Faser eingekoppelte Anteil ist. Die Leistung P_F soll sich dabei auf Wellen
aufteilen, die der Bedingung (3.43) genügen.

Da wir im vorherigen Kapitel immer nur meridionale Strahlen betrachtet
haben, nehmen wir nun weiter an, daß die Leistung P_L der Lichtquelle von
einer Fläche abgestrahlt wird, die sehr klein gegenüber der Fläche des
Kerns ist. Damit regen wir hauptsächlich,beziehungsweise bei einer Punktquelle ausschließlich Meridionalstrahlen oder EP_{0p}-Wellen an.

Die Lichtquelle sei durch eine Strahlungscharakteristik $I_\Omega(\gamma,\varphi)$ beschrieben, die die pro Raumwinkel $d\Omega$ abgestrahlte Leistung angibt. Die Gesamt-

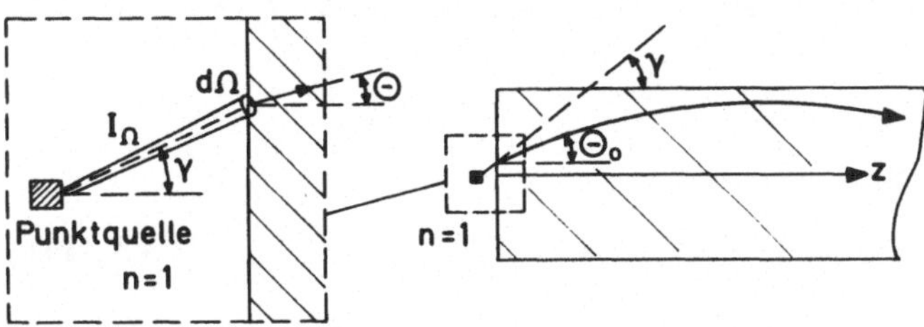

Bild 38 Lichteinkopplung mit Punktquelle nahe der Faserstirnfläche

leistung der Punktquelle in Bild 38 errechnet sich dann durch Integration über alle Raumwinkel $d\Omega = \sin\gamma \, d\gamma \, d\varphi$ aus

$$P_L = \int_{\substack{\text{Halb-}\\\text{raum}}} I_\Omega(\gamma,\varphi) \, \sin\gamma \, d\gamma \, d\varphi \ . \tag{3.111}$$

mit γ als Winkel zur z - Achse und φ als Azimutwinkel. Für die in obigem Bild gezeigte Anordnung berechnen wir nun die von der Punktquelle einge - koppelte Lichtleistung, wobei außerhalb der Faser der Brechungsindex n=1 (Luft) vorliegen soll. Die Punktquelle möge sich dabei in einem beliebig dichten und damit vernachlässigbar kleinen Abstand von der Faserstirn - fläche befinden. Die eingekoppelten Meridionalstrahlen regen nun profil - unabhängig ausbreitungsfähige Wellen an, wenn der Winkel γ zur Achse klei - ner als der kritische Winkel γ_C nach (3.105) ist. Nur bis zu diesem Winkel werden Strahlen aufgefangen, so daß

$$P_F = \int_{\varphi=0}^{2\pi} \int_{\gamma=0}^{\gamma_C} I_\Omega(\gamma,\varphi) \, \sin\gamma \, d\gamma \, d\varphi \tag{3.112}$$

einkoppelt. Der Anregungswirkungsgrad zwischen einer Punktquelle und einer vielwelligen Faser mit beliebigem Brechzahlprofil lautet mit (3.110) bis (3.112) dann

$$\eta = \frac{\displaystyle\int_{\varphi=0}^{2\pi} \int_{\gamma=0}^{\gamma_C} I_\Omega(\gamma,\varphi) \, \sin\gamma \, d\gamma \, d\varphi}{\displaystyle\int_{\varphi=0}^{2\pi} \int_{\gamma=0}^{\pi/2} I_\Omega(\gamma,\varphi) \, \sin\gamma \, d\gamma \, d\varphi} \ . \tag{3.113}$$

Bei rotationssymmetrisch strahlenden Quellen vereinfacht sich diese Gleichung auf

$$\eta = \frac{\int_0^{\gamma_c} I_\Omega(\gamma)\ \sin\gamma\ d\gamma}{\int_0^{\pi/2} I_\Omega(\gamma)\ \sin\gamma\ d\gamma} \quad . \tag{3.114}$$

Als Strahlungscharakteristik nehmen wir nun die Funktion

$$I_\Omega = (\cos\gamma)^g \tag{3.115}$$

an, wobei die bei LED oft zu beobachtende Lambertsche Strahlungscharak -
teristik mit g = 1 erfaßt wird. Wegen $\sin\gamma\ d\gamma = - d(\cos\gamma)$ läßt sich die
Integration einfach durchführen, und man erhält als Anregungswirkungsgrad

$$\eta = 1 - (1 - NA^2)^{\frac{g+1}{2}} \approx \frac{g+1}{2} NA^2 \quad (NA\ll1). \tag{3.116}$$

Die Lambertsche Punktquelle ergibt mit g = 1 profilunabhängig einen Anregungswirkungsgrad $\eta = NA^2$. In eine Faser mit einer typischen numerischen
Apertur NA = 0,2 kann man mit LED dann nur 4% der abgestrahlten Leistung
einkoppeln. Dieses enttäuschende Ergebnis
ist darauf zurückzuführen, daß die in
Bild 39 angegebene Strahlungscharak -
teristik des Lambertstrahlers sehr ungerichtet ist, so daß nur ein kleiner Teil
auf den schmalen Auffangwinkel $2\gamma_c$ der
Faser entfällt. Durch eine unmittelbar
auf die Leuchtfläche angebrachte Linse
erreicht man eine bessere Richtwirkung
und mit g > 1 dann auch einen höheren
Einkoppelwirkungsgrad. Dennoch bleiben
die gesamten Verhältnisse relativ ungünstig, und der größte Teil der Leistung geht verloren.

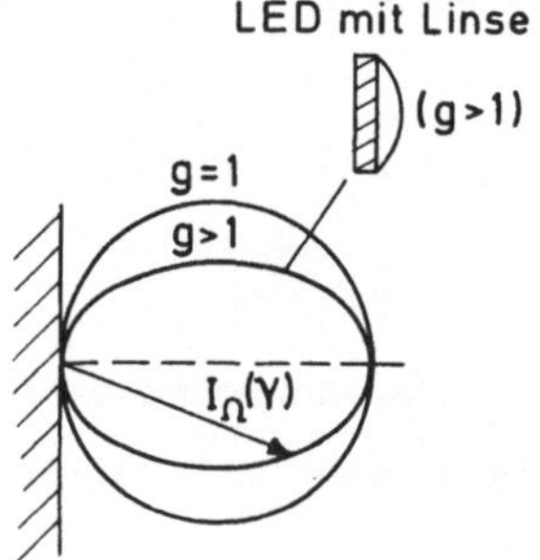

Bild 39 Strahlungscharakteristik (3.115)
von LED

Bei einer endlichen Ausdehnung der Leuchtfläche spielt nun für die Größe des Anregungswirkungsgrades der Brechzahlverlauf eine Rolle. Bei der Stufenprofilfaser darf nach (3.98) an jeder Stelle ρ_0 der einkoppelnde Strahl den durch die Grenzbedingung $\beta = k_{oo}\, n_2$ festgelegten kritischen Winkel θ_c erreichen. Der Einkoppelwirkungsgrad ist damit wieder durch (3.116) gegeben. Bei der Gradientenfaser fällt in (3.98) aber $k_0(\rho_0)$ nach außen hin ab, und die obige Grenzbedingung für β erzwingt zum Rande hin einen immer kleiner werdenden Winkel θ_c. Die bei $\rho_0 = a$ eingekoppelten Strahlen müssen zum Beispiel gerade parallel zur z-Achse gerichtet sein ($\theta_c = 0$). Daraus ergibt sich insgesamt ein gegenüber (3.116) geringerer Einkoppelwirkungsgrad. Für $g = 1$ und parabolisches Profil erhält man dann $\eta = NA^2/2$. Dabei ist vorausgesetzt, daß die Leuchtfläche gleich der Kernfläche ist.

An dieser unbefriedigenden Situation kann erst eine Quelle mit deutlich besserer Richtwirkung etwas ändern. Bild 40 zeigt in vereinfachter Form das Fernfeld eines oft verwendeten Halbleiterlasers. Das Licht wird dabei mit unsymmetrischer Strahlungskeule aus einer Fläche $d_x \cdot d_y$ eines dielektrischen Wellenleiters abgestrahlt. Für $d_y < d_x$ ergibt sich auf Grund der stärkeren Beugung in

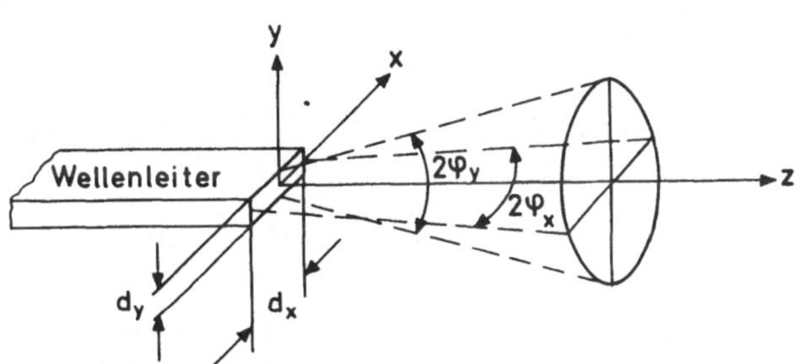

Bild 40 Strahlungsfernfeld eines Halbleiterlasers mit eingebettetem Wellenleiter

y-Richtung für die halben Öffnungswinkel die Bedingung $\varphi_y > \varphi_x$. Je nach Abmessungen des Wellenleiters erhält man so in vielen Fällen zumindest in einer Richtung gegenüber LED eine wesentlich schärfere Bündelung. Bei einem Halbleiterlaser mit $d_y = 1$ µm und $d_x = 10$ µm kann man typische halbe Öffnungswinkel $\varphi_x = 5^0$ und $\varphi_y = 25^0$ messen.

Verglichen mit dem halben Öffnungswinkel $\gamma_c = \text{arc sin}(NA)$ der Faser, der bei $NA = 0,2$ nur etwa 11^0 beträgt, strahlt der Laser nach Bild 40 in der y-z-Ebene ähnlich ungerichtet wie eine LED. Strahlen in der x-z-Ebene fängt die Faser dagegen vollständig ein. Bei LED ist die Einkopplung in beiden Ebenen gleichermaßen ungünstig, so daß nach (3.116) der Anregungs-

wirkungsgrad proportional zur zweiten Potenz der numerischen Apertur ist.
Bei Halbleiterlaser mit hinreichender Richtwirkung in einer Ebene und un-
günstiger Richtwirkung in der anderen Ebene kann als grober Richtwert für
den Einkoppelwirkungsgrad η = NA genommen werden. Es gibt aber auch Halbleiterlaser, die in beiden Ebenen relativ breit emittieren, so daß sich
wieder etwas ungünstigere Verhältnisse einstellen. Manche Bauformen strahlen sogar mit zwei Hauptkeulen. Auf diese Spezialfragen wollen wir hier
aber nicht eingehen.

An dieser Stelle stellt sich jetzt vielmehr die Frage, ob es nicht grundsätzlich möglich ist, an diesen ungünstigen Verhältnissen etwas zu ver-
bessern, denn selbst bei Halbleiterlaser gestatten Fasern mit NA = 0,2
auch nur Einkoppelwirkungsgrade von etwa 20%.

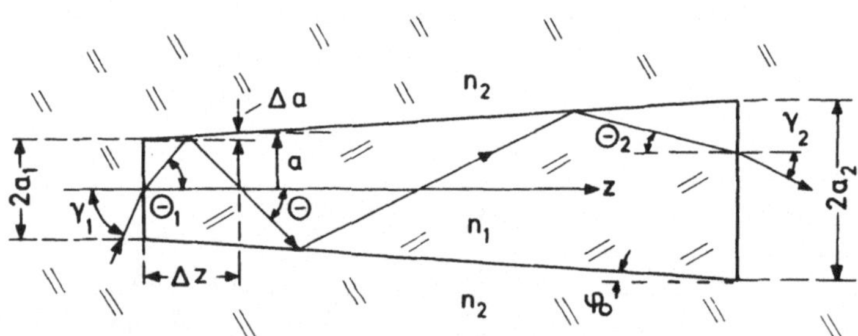

Bild 41 Reflektor für effiziente Lichteinkopplung in Glasfasern

Unter bestimmten Voraussetzungen kann man nun tatsächlich die Einkopplung
erhöhen. Ungewöhnlich gute Eigenschaften zeigt der Reflektor nach Bild 41,
an dessen linke Seite eine Lichtquelle angeschlossen wird, die so strahlt,
daß im Inneren des Oberganges der meridionale Strahl zunächst einen Winkel θ_1 mit der Achse bildet. Nach der i-ten Reflexion an der Grenzschicht,
die nur flach unter dem Winkel φ_0 zur Achse geneigt ist und immer Totalreflexion gewährleistet, bildet der Strahl nur noch den Winkel $\theta(i)$ mit der
z-Achse. Dieser Neigungswinkel nimmt von Reflexion zu Reflexion um

$$d\theta/di \quad = \quad - 2\,\varphi_0 \tag{3.117}$$

ab. Der Halbmesser $a(i)$ erhöht sich dabei pro Reflexion um $\Delta a = \Delta z\,\tan\varphi_0$,
wobei $\Delta z = 2a(i)/\tan\theta(i)$ der Wegzuwachs in Bild 40 ist, so daß die Halb-
messeränderung pro Reflexion

$$da/di \quad = \quad \tan\varphi_0 \cdot 2\,a(i)\,/\,\tan\theta(i) \tag{3.118}$$

beträgt. In diesen Gleichungen haben wir anstelle der diskreten Werte für die Zahl der Reflexionen bereits eine kontinuierliche Variable i genommen. Mit (3.117) und (3.118) erhalten wir die Differentialgleichung

$$\frac{da}{d\theta} = -\frac{\tan\varphi_0}{\varphi_0} \frac{a(\theta)}{\tan\theta} \quad , \qquad\qquad (3.119)$$

deren Lösung man durch Trennung der Variablen direkt erhält. Wir integrieren von a_1 bis a_2 beziehungsweise von θ_1 bis θ_2 und finden für flache Übergänge mit $\tan\varphi_0 \approx \varphi_0$ die Beziehung $a_1 \sin\theta_1 = a_2 \sin\theta_2$ und entsprechend für die Winkel $\gamma_{1,2}$ außerhalb der Faser

$$a_1 \sin \gamma_1 = a_2 \sin \gamma_2 \quad . \qquad\qquad (3.120)$$

Meridionalstrahlen, die in Bild 41 im kleineren Querschnitt $2a_1$ unter verhältnismäßig steilem Winkel γ_1 einstrahlen, erscheinen am Ausgang unter flacherem Winkel γ_2 zur Achse, allerdings strahlt der Reflektor jetzt aus einem größeren Querschnitt $2a_2$ die Leistung ab. Nach (3.120) kann man sich also eine verbesserte Richtwirkung durch eine verminderte Fokussierung erkaufen. Eine ähnliche Strahltransformation läßt sich auch durch Linsen oder andere optische Abbildungstechniken erreichen. Für vorgegebenen Leuchtflächenradius a_1 und Öffnungswinkel γ_1 der Quelle kann aber der Austrittsradius a_2 und die Austrittsöffnung γ_2 unabhängig von der Abbildungsmethode nie günstiger werden als es in Gleichung (3.120) angegeben wird. Diese Gleichung wird Abbésche Sinusbedingung genannt.

Eine verlustlose Ankopplung der Lichtquelle an die Glasfaser ist nach der Sinusbedingung von Abbé nun immer möglich, wenn das Produkt $2a \sin\gamma_c = 2a$ NA mit γ_c als kritischem Winkel der Faser und $2a$ als Faserkerndurchmesser das entsprechende Produkt auf der Sendeseite $d_L \sin\varphi_L$ mit d_L als Leuchtflächendurchmesser und φ_L als Öffnungswinkel der Quelle überwiegt:

$$d_L \sin \varphi_L < 2a \cdot NA \quad . \qquad\qquad (3.121)$$

Bei einer vielwelligen Faser mit NA = 0,2 und $2a$ = 50 μm Kerndurchmesser muß dann nur $d_L \sin\varphi_L$ < 10 μm gelten. Diese Bedingung ist bei Halbleiterlaser immer erfüllt. Für das Beispiel des Halbleiterlasers nach Bild 40

erhält man mit d_y = 1 µm und φ_y = 25^0 den Wert $d_y \sin \varphi_y$ = 0,42 µm. In der
Praxis mißt man bei Halbleiterlaser mit nachgeschaltetem Reflektor Anre-
gungswirkungsgrade nahe 100%, wenn die Reflexionsverluste an der Faserstirnfläche durch eine geeignete Vergütung auch noch beseitigt werden.

Aber auch bei LED verbessert ein solcher Reflektor die Einkopplung, sofern
die LED-Leuchtfläche kleiner als die Fläche des Faserkerns ist. Dann läßt
sich durch Strahlaufweitung unter Verbesserung der Richtwirkung verlustloser einkoppeln.

An dieser Stelle sei angemerkt, daß sich die Abbèsche Sinusbedingung zum
Beispiel auch auf die Stoßstelle zweier miteinander verbundener Faserenden
anwenden läßt. Das speisende Faserende faßt man dann einfach als Lichtquelle auf. Prinzipiell kann man immer dann zwei vielwellige Fasern verlustlos verkoppeln, wenn d_2 NA_2 > d_1 NA_1 gilt, wobei der Index 1 für die
speisende und der Index 2 für die abgehende Faser steht, sowie $d_{1,2}$ der
jeweilige Kerndurchmesser ist. Für die Praxis ist es nun wichtig zu wissen,
daß bei jeder Faser ganz unabhängig von der Anregung das Faserende meist
aus dem vollen Querschnitt und innerhalb des gesamten Öffnungswinkels
strahlt, auch wenn am Anfang mit kleinem Produkt d·NA angeregt wurde. Verantwortlich für diesen zunächst nicht einzusehenden Effekt sind Eigenwellenumwandlungen. Daraus ergibt sich die einfache Regel, daß im Zuge einer
Glasfaserstrecke, bei der keine Koppelverluste auftreten sollen, das Produkt d·NA immer nur größer oder gleich dem vorangegangenen Wert sein kann.
Es wäre daher zum Beispiel sehr ungünstig, bei einem Halbleiterlaser das
Licht zunächst in einer Faser mit hoher numerischer Apertur und großem
Querschnitt aufzufangen, um es dann in eine Faser mit kleinerer NA einzu-
speisen. In dieser Faser mit großem d·NA verschenkt man dann die guten
Eigenschaften des Lasers, da mit keiner Abbildungsmethode eine Verkleine-
rung dieses Produktwertes erreicht werden kann.

Anstelle des etwas schwierig her-
zustellenden Reflektors kann man
nach Bild 42 auch auf den Faserkern eine halbkugelförmige Linse
aufschmelzen, um einstrahlendes
Licht auf den Kern zu fokussieren.

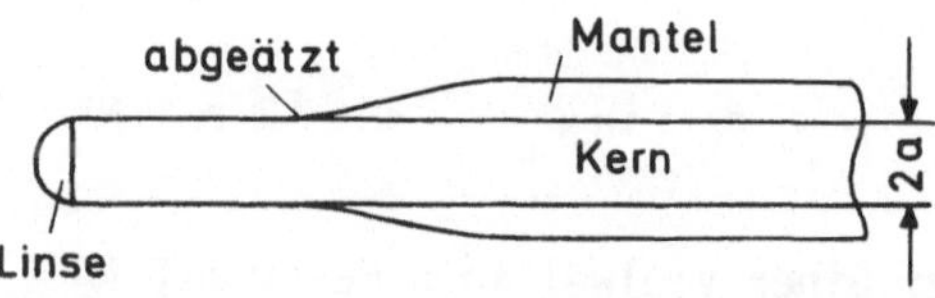

Bild 42 Lichteinkopplung mit Linse auf abgeätztem
Faserende

Dazu ätzt man vorher den Mantel ab, damit sich weitgehend selbsttätig der
richtige Linsenradius auf Grund von Oberflächenspannungen einstellt. Zur
Linsenherstellung taucht man dann nur noch das abgeschnittene Faserende
in eine Schmelze und zieht es dann wieder heraus.

Die Ankopplung an einwellige Fasern gestaltet sich nun etwas schwieriger.
LED kommen als Lichtquellen nicht in Frage, weil deren Strahlungscharakteristik bei weitem zu ungerichtet ist und das Licht aus einem zu großen
Querschnitt abgestrahlt wird. Aber auch bei Lasern mit einer Strahlungskeule nach Bild 40 ergeben sich nur unbefriedigende Einkoppelwirkungsgrade,
denn bei einer typischen normierten Frequenz V = 2 erhält man aus (3.41)
bei $\lambda_0 \approx 1$ µm und NA = 0,1 nur einen Kerndurchmesser 2a = 6,4 µm, der damit schon kleiner als der Laserleuchtflächendurchmesser ist. Maßgebend ist
außerdem der Auffangwinkel der Faser verglichen mit dem Öffnungswinkel der
Lichtquelle. Da hier eine einwellige Faser vorliegt, dürfen wir eigentlich
nicht mehr mit der Abbéschen Sinusbedingung arbeiten, die mit strahlenoptischen Überlegungen abgeleitet wurde. Dennoch ist es vielleicht nützlich,
zur groben Abschätzung den Auffangwinkel der einwelligen Faser durch das
Fernfeld des strahlenden Faserendes festzulegen. Der halbe Öffnungswinkel
θ_e legt dabei die Stelle fest, bei der die Intensität auf 1/2 abgefallen
ist. Bei einwelligen Stufenprofilfasern mit einer normierten Ausbreitungskonstanten B_N nach Bild 26 beziehungsweise (3.50) berechnet sich der halbe
Öffnungswinkel näherungsweise aus

$$\sin \theta_e = NA \left[\frac{(\sqrt{2} - 1) B_N}{1 + \sqrt{2} \, V^2 \, B_N/8} \right]^{1/2} . \tag{3.122}$$

Man muß also etwa auf einem Faserdurchmesser 2a mit einer Öffnung nach
(3.122) einstrahlen, um überhaupt nennenswert die Grundwelle anzuregen.
Zur Orientierung vergleichen wir mit der gebotenen Vorsicht das Produkt
$\sin\theta_e \cdot 2a$ auf der Faserstirnfläche mit $\sin\varphi_L \cdot d_L$ auf der Laserseite. Für
die obigen Zahlenwerte ergibt sich auf der Faserseite bei V = 2 mit (3.50)
und (3.122) nur ein Wert von 0,23 µm. Auf der Laserseite erhält man mit
den im Zusammenhang mit Bild 40 angegebenen Daten für die x-Richtung den
Produktwert 0,87 µm und für die y-Richtung den Wert 0,42 µm. Hieraus könnte man vielleicht folgern, daß eine vollständige Lichteinkopplung nicht
möglich ist. Letztlich wird diese Frage vom jeweiligen Aufbau des Lasers

und den damit verbundenen Abstrahleigenschaften entschieden.

Die genaue Behandlung der Einkopplung in einwellige Fasern kann allein
durch Anwendung wellenoptischer Methoden erfolgen. Gleichzeitig sind dabei Kenntnisse bezüglich des Laseraufbaus erforderlich. Da all diese Fragen über den Rahmen dieses Buches weit hinausgehen, wollen wir uns mit
obigen qualitativen Überlegungen begnügen.

In der Praxis wendet man hier nun ähnliche Techniken wie bei vielwelligen
Fasern an, um eine möglichst gute Einkopplung zu erreichen. Durch selekti-
ve Ätzung bildet man hierzu auf dem Kern eine Linse, die das abgestrahlte
Licht so effizient wie möglich auf die Grundwelle abbilden muß. Aber auch
eine Zylinderlinse in Form einer querliegenden Faser verbessert den sonst
nur bei etwa 10% liegenden Einkoppelwirkungsgrad beträchtlich.

Neben Einkoppelverlusten treten bei einer Glasfaserstrecke auch Verluste
im Kabel auf. Mit diesem Problem wollen wir uns jetzt beschäftigen.

3.8 Dämpfung in Glasfasern

Bei der Ausbreitung erfahren die Lichtwellen in der Glasfaser eine
Dämpfung, die auf verschiedene Ursachen zurückzuführen ist. Die wichtigsten Effekte wollen wir hier angeben.

Rayleigh-Verluste entstehen durch
Streuung der Lichtwellen in der
mikroskopisch gesehen amorphen
Struktur des Materials. Diese Verluste vermindern sich proportional
λ_o^{-4} mit steigender Wellenlänge.
Die Unregelmäßigkeiten im Material
sind nämlich so fein strukturiert,
daß die Lichtwellen davon mit steigender Wellenlänge immer weniger
spüren. Bild 43 zeigt die Rayleigh-
verluste für Quarzglas im Ultrarotbereich.

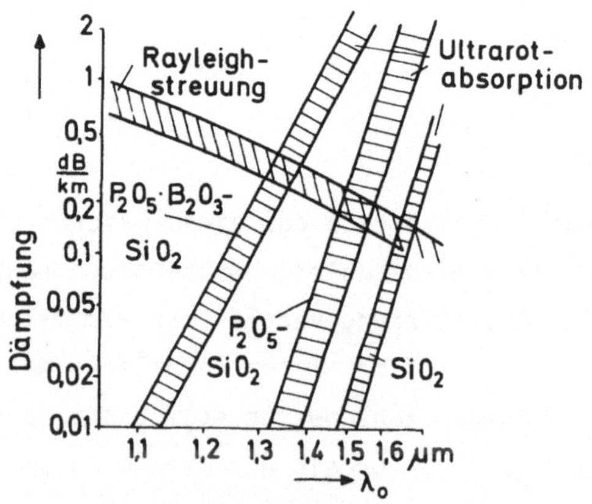

Bild 43 Verluste durch Rayleighstreuung und Ultrarotabsorption in dotiertem Quarzglas

Durch _Absorption_ der Stoffe erhält man nach Bild 43 Verluste, die nun im
Ultrarotbereich mit der Wellenlänge ansteigen. Dieser Effekt hängt empfindlich von der Dotierung des Materials ab. Die geringsten Verluste zeigt dotiertes Quarz. Die angegebenen Stoffzusätze wie Bor- und Phosphoroxid verschieben die Resonanzabsorption zu tieferen Wellenlängen hin und erhöhen
damit die Dämpfung.

Je nach Stoffzusammensetzung ergibt sich in Verbindung mit den Rayleigh-
verlusten ein Minimum der Dämpfung im Bereich um 1,3 bis 1,6 µm Wellenlänge, also gerade in dem Bereich, in dem die Materialdisperion verschwindet. Bei der einwelligen Faser ist sogar eine Kompensation mit der Eigen-
wellendispersion möglich.

Die oben angegebenen Verluste stellen insofern Grundverluste dar, als sie
von Materialien verursacht werden, die für die Funktionsweise des Licht-
wellenleiters erforderlich sind. Alle unerwünschten Verunreinigungen erhöhen mit ihren Absorptionsverlusten diesen Grundbetrag mehr oder weniger.
Als wichtigster Effekt ist die OH-Absorption zu nennen.

Zusätzliche Verluste durch die Absorption von OH^--Ionen können die ausge-
zeichneten Dämpfungseigenschaften von Glasfasern völlig zunichte machen,
wenn bei der Herstellung nicht mit wasserfreien Materialien gearbeitet
wird. Dabei ist besonders wichtig, daß nicht OH^--Ionen in den lichtführenden Kern der Faser diffundieren. Die OH^--Absorption ist auf eine Resonanz-
stelle bei einer Wellenlänge von etwa 2,7 µm zurückzuführen, deren erste
und zweite Oberwelle bei ca. 1,39 µm und 0,95 µm liegen. Außerdem entsteht noch eine Absorptionstelle bei 1,25 µm. Unterschiedliche Dotierstoffe verschieben diese Stellen individuell ein wenig. Bei Verunreini-
gung kann sich die Dämpfung an diesen Resonanzstellen um Zehnerpotenzen
gegenüber dem wasserfreien Fall erhöhen. In der Praxis erhält man aber bei
sorgfältiger Herstellung bei 0,95 µm und bei 1,25 µm ein nur sehr schwach
ausgeprägtes Maximum. Bezogen auf die OH-Absorption bei 0,95 µm ist aber
die Dämpfungserhöhung bei 1,25 µm doppelt so groß und bei 1,39 µm sogar
40 mal größer. Für die Verhältnisse in Bild 44 ist daher die erste Resonanz kaum sichtbar. Dieses Bild zeigt zusammenhängende Dämpfungsverläufe
für Stoffe mit früh und relativ spät einsetzender Ultrarotabsorption.
Diese idealisierten Verläufe zeigen einen Abfall der Dämpfung bis hin

zu der entscheidenden Resonanz bei
etwa 1,39 µm. Bei Stoffen mit relativ früh einsetzender Ultrarotabsorption ergibt sich dann noch ein
Minimum, aber dann nur noch ein
steiler Anstieg mit sehr großen
Dämpfungswerten. Die geringsten
Verluste treten meist bei Wellenlängen unterhalb der Resonanz-
wellenlänge von 1,39 µm auf. Bei
Stoffen mit später einsetzender
Ultrarotabsorption (Kurve b) fällt
die Dämpfung oberhalb obiger Wel-

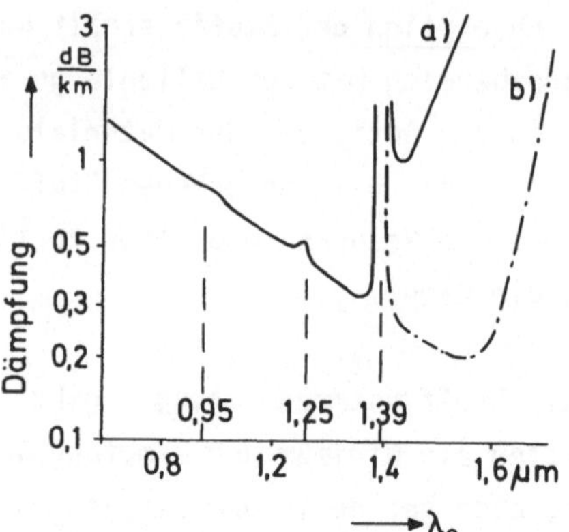

Bild 44 Dämpfungsverluste dotierter Quarzfasern
mit a) früh einsetzender b) später einsetzender
Ultrarotabsorption

lenlänge zunächst noch weiter ab und es ergibt sich erst im Bereich um
1,5 bis 1,6 µm ein noch kleineres Minimum. Die Kurven zeigen, daß je nach
Herstellungsverfahren die Dämpfungsverluste Werte von 0,2 bis 0,3 dB/km
annehmen können.

Abstrahlverluste durch Krümmungen der Faser oder durch Unregelmäßigkeiten
in der Geometrie können die oben angegebene Materialdämpfung noch erhöhen.
Dieser Einfluß läßt sich aber nur dann quantitativ erfassen, wenn zumindest statistische Angaben bezüglich der Störungen gemacht werden. Wir wollen dieses Problem hier nicht bearbeiten, sondern nur feststellen, daß die
Glasfasern bei der Herstellung und später bei der Verkabelung und auch
bei der Verlegung des Kabels nicht solchen Störeffekten unterworfen sein
dürfen. Besonders wichtig ist ein Kabelaufbau, der die durch Temperatur-
änderungen bedingten Schrumpfungen und Ausdehnungen abfängt und sogenannte
Mikrokrümmungen vermeidet. Es gelingt in der Praxis, diese Zusatzdämpfung
auf Bruchteile eines Dezibels zu beschränken.

Wir können zusammenfassend feststellen, daß Glasfaserkabel bei geeigneter
Konstruktion Dämpfungswerte im Bereich unterhalb 0,5 - 1 dB/km aufweisen
können. Diese Werte liegen auf 1 km Kabellänge bezogen in derselben Grös-
senordnung wie die Verluste eines Glasfasersteckers.

3.9 Technische Ausführungsformen

Bei der Herstellung von Glasfasern weichen die hergestellten Brechzahlverläufe in der Regel von der Idealform ab. Solche Profilfehler verändern in
manchen Fällen ganz erheblich die Fasereigenschaften. Wir wollen hier für
einwellige und vielwellige Fasern die Auswirkungen derartiger Störungen
besprechen. Gleichzeitig werden Profile vorgestellt, die vom einfachen
Stufenprofil oder Gradientenprofil abweichen und wegen gewisser Vorteile
Anwendung finden. Wir werden dabei die Ergebnisse ohne Herleitung angeben.

3.9.1 Einwellige Faser

Bislang hatten wir nur einwellige Fasern mit Stufenprofil
behandelt. In der Praxis diffundieren immer die Profile
aus, und man erhält einen
graduellen Abfall, der zum Beispiel wieder durch ein Potenzprofil beschrieben werden kann.
Bild 45a zeigt, wie sich nun
für verschiedene Exponenten α
der Einwelligkeitsbereich ändert. Gegenüber dem Stufenprofil wird bei gleicher Brechzahldifferenz das "Brechzahlvolumen"
kleiner, und jede Welle für vorgegebenen V-Wert schwächer geführt. Der Einwelligkeitsbereich
vergrößert sich damit immer ge-

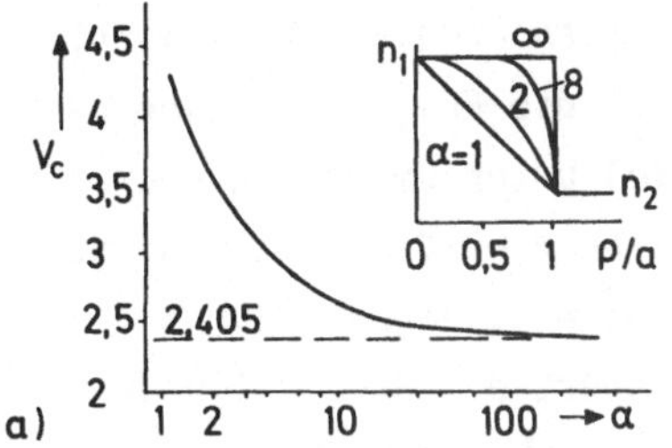

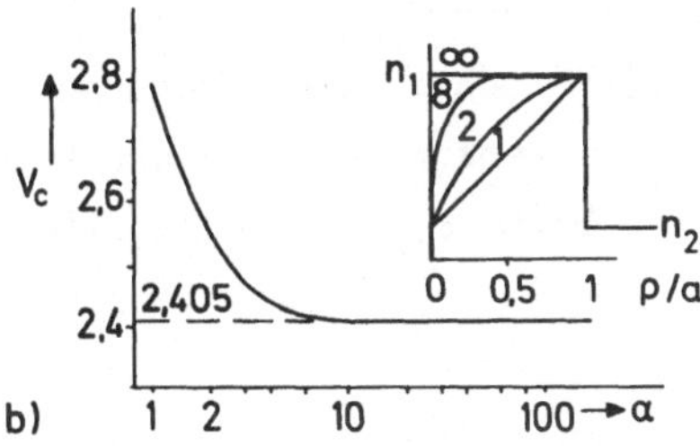

Bild 45 Grenzfrequenz der EP_{11}-Welle bei
a) Potenzprofil (Kantenverrundung)
b) inversem Potenzprofil (Brechzahleinbruch)

genüber (3.44). Mit einer ganz einfachen Abschätzung hatten wir bereits in
Aufgabe 3.10 die Grenzfrequenz der EP_{11}-Welle zu $V_c = 2{,}405 \sqrt{\frac{\alpha+2}{\alpha}}$ bestimmt.

Nicht ganz so empfindlich wirken sich nun Profileinbrüche auf der Achse
aus, die durch Verdampfung bei manchen Dotierstoffen während der Herstellung auftreten. Nach Bild 45b kann man dann ein inverses Potenzprofil annehmen. Der relativ schwache Einfluß auf die Grenzfrequenz der EP_{11}-Welle

ist darauf zurückzuführen, daß diese Welle an der Stelle des maximalen Profilfehlers bei $\rho = 0$ keine Leistung führt. Bei der Stufenprofilfaser gilt nach (3.46) für das Feld der EP_{11}-Welle mit $\ell = 1$ der Zusammenhang $\underline{E}_x(\rho=0) \sim J_1(0) = 0$; die EP_{11}-Welle spürt daher ganz im Gegensatz zur Grundwelle diesen Fehler kaum.

Oft formt man das Profil auch bewußt ganz anders. Ein Beispiel dafür ist die W-Fasern bei der nach Bild 46 die Brechzahl nach außen hin wieder ansteigt,so daß das Profil eine W-Form erhält. Die Kurven für die Grenzfrequenz der EP_{11}-Welle gelten für einen stufenförmig und einen parabolisch verlaufenden Brechungsindex im Kern. Mit der hier benutzten Definition der normierten Frequenz $V = 2\pi \sqrt{n_1^2 - n_3^2}\, a/\lambda_0$ erhält man nun nicht nur wie bislang für die EP_{11}-Welle eine bestimmte Grenzfrequenz V_c, sondern je nach Profil unter Umständen auch für die EP_{01}-Grundwelle. Die normale Stufenprofilfaser wird mit $n_2 = n_3$ beziehungsweise $\delta = 1$ erfaßt, ein Profil mit $n_1 > n_3 > n_2$ dagegen durch $\delta > 1$. Bei einem Radienverhältnis c nahe bei eins spürt die Grundwelle den schmalen Einbruch auf n_2 nicht, sofern nicht n_3 zu nahe an n_1 heranrückt. Bei c = 1,1 ist unterhalb $\delta \approx 6$ die Grenzfrequenz der Grundwelle null. Im Bereich $\delta > 6$ wird die Differenz $n_1 - n_3$ dann doch zu klein, und auch die Grundwelle wird erst oberhalb der angegebenen Grenzfrequenz ausbreitungsfähig. Für c → 1 erhält man erst für sehr große Werte δ, beziehungsweise für $n_3 \gg n_2$ eine endliche Grenzfrequenz.

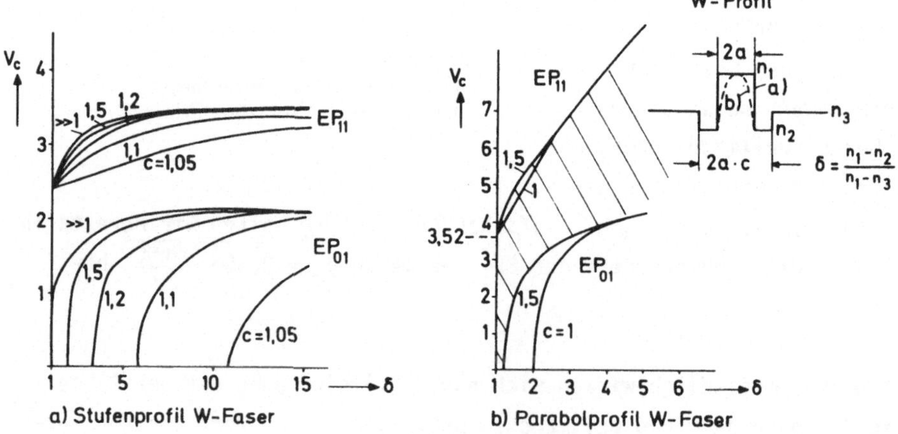

Bild 46 Normierte Grenzfrequenzen von EP_{01}-Grundwelle und EP_{11}-Welle bei W-Profil-Fasern

Bei der Gradientenfaser in Bild 46b bleibt selbst für c = 1 bei ρ = a
ein Brechzahleinbruch bestehen. Aus diesem Grunde ergibt sich schon bei
dem relativ kleinen Wert $\delta \simeq 2$ eine endliche Grenzfrequenz der Grundwelle.
Für ein Radienverhältnis c = 1,5 ist der Einwelligkeitsbereich angegeben,
für den die EP_{01}-Welle schon ausbreitungsfähig, die Grenzfrequenz der
EP_{11}-Welle aber noch nicht erreicht ist.

W-Fasern zeigen gegenüber anderen Fasern bei konstanter Krümmung der Faser
recht geringe Abstrahlverluste. Allerdings kann auch eine nicht gekrümmte
W-Faser strahlen. In Bild 29 erhält man nämlich wegen des im äußeren Bereiches wieder ansteigenden Brechzahlverlaufes und des damit ansteigenden
Verlaufes $k_0^2(\rho) - \beta^2$ dann einen dritten Umkehrpunkt, wenn die Hyperbel
ℓ^2/ρ^2 einen dritten Schnittpunkt liefert. Außerhalb dieser Stelle haben
wir dann wieder ein oszillierendes Feld, das unter Umständen nicht richtig
geführt wird und abstrahlt. Wellen dieser Art mit drei Umkehrpunkten bezeichnet man als Leckwellen.

Aus technologischen Gründen stellt man nun auch Fasern mit $n_3 > n_1 > n_2$
her. Eine solche Faser bezeichnet man als Leckwellenfaser, weil jetzt
sogar die Grundwelle zur Leckwelle wird und immer ein wenig abstrahlt.
Die Leckwellenverluste der
EP_{01}- und der EP_{11}-Welle
hängen nun für $n_3 > n_1$
hauptsächlich von dem
Radienverhältnis c und vor
allem von der normierten
Frequenz V ab, die in diesem Fall wieder durch die
Brechungsindizes n_1 und n_2
definiert wird. Für stei-
gendes V wird die Welle zu-
sehens besser geführt und

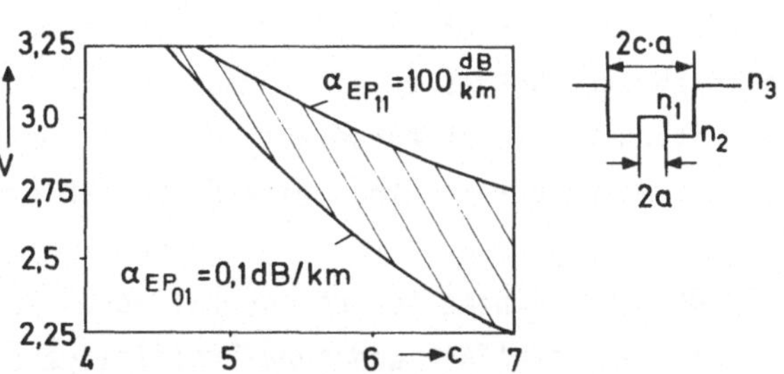

Bild 47 Effektiver Einwelligkeitsbereich einer Leckwellenfaser als
Funktion des Radienverhältnisses c ($n_3 > n_1$, a = 5 μm, λ_0 = 1 μm)

verliert immer weniger Leistung durch Abstrahlung. Eine hinreichend geringe Dämpfung der Grundwelle bedingt daher einen Mindestwert für V, eine
hinreichend starke Dämpfung der EP_{11}-Welle dagegen einen Maximalwert der
normierten Frequenz. Bild 47 zeigt diese beiden Grenzkurven bei Stufenpro-
fil für eine Dämpfung $\alpha_{EP_{01}}$ = 0,1 dB/km und $\alpha_{EP_{11}}$ = 100 dB/km. Das schraf-

fierte Gebiet gibt also unter diesem erweiterten Gesichtspunkt der Dämp -
fung den effektiven Einwelligkeitsbereich an. Die Wahl des V-Wertes muß
nun weiter unter Berücksichtigung möglichst geringer Abstrahlverluste durch
Krümmungen erfolgen. Dabei ist oft die Wahl einer großen numerischen Apertur bei kleinem Kerndurchmesser günstig. Auf diese recht komplizierten
Sonderfragen wollen wir hier nicht eingehen. Im folgenden Abschnitt sollen
vielmehr noch die technischen Profile vielwelliger Fasern zur Sprache kommen.

9.2 Vielwellige Fasern

Bei den vielwelligen Fasern interessieren wir uns zunächst für Profile mit
etwa parabolischem Verlauf. Nach Kapitel 3.5.6 führen bereits geringste
Abweichungen vom optimalen Brechzahlprofil zu einem dramatischen Anstieg
der Laufzeitstreuung.

Bei manchen Herstellungsverfahren zieht man die Glasfaser aus einer stab-
förmigen Vorform, auf der man zuvor nacheinander Quarzschichten mit entsprechender Dotierung aufgebracht hat. Oft verwendet man dazu ein Rohr,
auf dessen Innenseite man schichtweise gut gereinigte Ausgangsgase ($SiCl_4$
+ O_2 + Dotierstoffe) bei ca. 1700 ^{o}C reagieren läßt und so dotiertes
Quarzglas aufschmilzt. Bei diesem Prozess entstehen immer Brechzahlstufen,
die dann wellenförmig ausdiffundieren. Nach dem Kollabieren des von innen
beschichteten Rohres zu einer massiven Vorform tritt auch noch ein Brechzahleinbruch auf der Achse auf, der sich bei einwelligen Fasern nicht so
störend bemerkbar machte. Beide Profilfehler wollen wir hier erörtern.

Bild 48 zeigt ein gestörtes quadratisches Potenzprofil mit α = 2, für
das sich im Idealfall und ohne Profildispersion nach Aufgabe 3.19 eine
Laufzeitstreuung $\tau_0 \Delta_n^2$ /2 ergibt. Aufgetragen ist nun die Laufzeitstreuung $\Delta\tau_s$ bei N_s sinusförmigen Stufen bezogen auf die Laufzeitstreuung
$(\Delta\tau_s)_\sqcap = \tau_0 \Delta_n$ der Stufenprofilfaser. Im Idealfall $N_s \to \infty$ stören die Stufen nicht, und die Kurven enden bei dem Faktor Δ_n/2, um den die Laufzeitstreuung der Gradientenfaser mit α = 2 gegenüber der Stufenprofilfaser
kleiner ist. Bei endlicher Stufenzahl nimmt dann die Laufzeitstreuung
stark zu. Auf der anderen Seite benötigt man für Fasern, bei denen ein
Verbesserungsfaktor 10 gegenüber der Stufenprofilfaser schon genügt, nicht
einmal 10 Stufen. Da nun aber eine herausgegriffene Brechzahlstufe in der

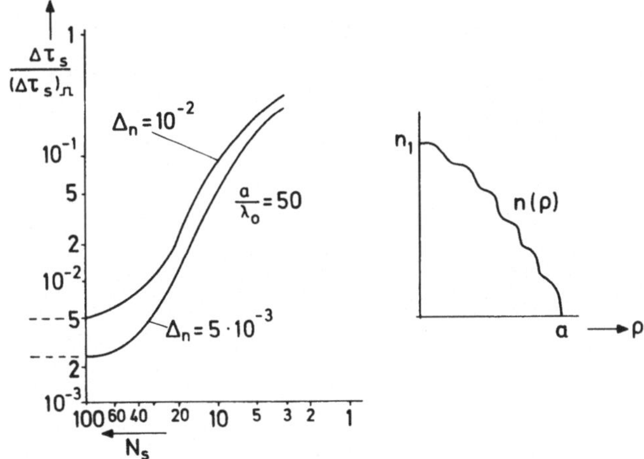

Bild 48 Laufzeitstreuung $\Delta\tau_s$ bei quadratischem Profil mit N_s sinusförmigen Stufen bezogen auf die Laufzeitstreuung bei Stufenprofil

Profilfunktion:

$$F(\rho) = 2\,\Delta_n\,(\rho/a)^2 + \frac{\Delta_n}{\pi N_s}\,\sin\{N_s \cdot 2\,\pi\,(\rho/a)^2\}$$

Regel aus vielen Schichten mit gleichem Brechungsindex besteht, können innerhalb einer Stufe von Schicht zu Schicht Brechzahleinbrüche und somit Brechzahloszillationen auftreten. Dieser Effekt stört auch um so weniger, je mehr Schichten die Stufe enthält. In der Praxis muß man deshalb bei sehr guten Gradientenfasern insgesamt einige hundert Schichten aufbringen, sofern überhaupt diese Brechzahloszillationen vorkommen. Bei Bor- und Phosphor- dotierten Fasern tritt dieser Effekt nicht auf. Dann genügen nach Bild 48 weit weniger Stufen.

Ein Einbruch des Brechzahlverlaufes auf der Faserachse wird in Bild 49 untersucht. Für das angenommene Potenzprofil mit $\alpha = 2$ ergibt sich nach Kapitel 3.5.8 bei gleichmäßiger Anregung der Wellen als Impulsantwort unter Vernachlässigung der Materialdispersion ein Rechteckimpuls der Breite $\Delta\tau_s = \tau_0\,\Delta_n^2\,/2$. Bei einem gaußförmig angenommenen Einbruch der relativen Tiefe h und der Breite $2r_E$ berechnen sich schon bei geringen Störungen ganz andere Impulsantworten. Nach den Ausführungen in Kapitel 3.6 spüren hauptsächlich meridionale Strahlen beziehungsweise $EP_{\ell p}$-Wellen mit sehr niedriger Umfangsordnung ℓ diesen Profilfehler, denn das Feld ist bei diesen Wellen auf der Achse am größten. Diese Wellen sind daher für den Pulsvorläufer verantwortlich, der die Impulsform insgesamt so stark verändert.

All diese Profilfehler führen bei technischen Gradientenfasern zu einer
Laufzeitstreuung, die oft um mehr als den Faktor 10 über dem minimalen
Wert $\Delta_n^2 \, \tau_0/8$ liegt.

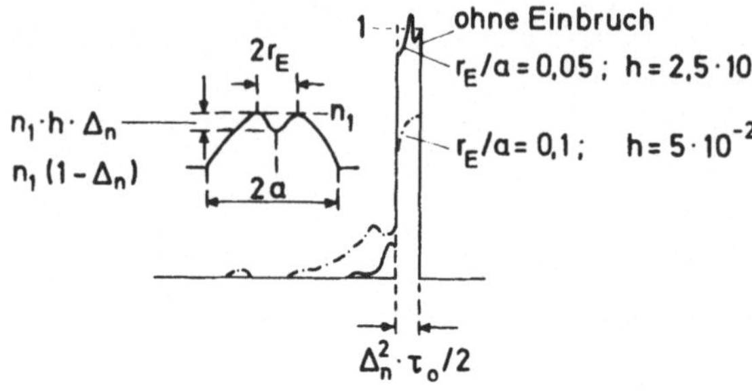

Bild 49
Pulsantwort einer Faser mit quadra-
tischem Profil und gaußförmigem
Einbruch auf der Achse

Da neben Gradientenfasern, die hauptsächlich als relativ breitbandige Leitung Verwendung finden, auch Stufenprofilfasern große technische Bedeutung
haben, wollen wir uns auch deren technische Ausführungsformen ansehen.

Sicherlich ist die Dispersion in Gradientenfasern weit geringer als bei
Stufenprofilfasern; allerdings genügen Stufenprofilfasern in sehr vielen
Fällen, zum Beispiel bei der Übertragung von Daten oder analogen Signalen
über relativ kurze Entfernungen. Neben dem Vorteil eines etwa doppelt so
großen Anregungswirkungsgrades bei Ankopplung an LED bieten technische
Stufenprofilfasern oft eine recht hohe numerische Apertur, einen großen
Kernquerschnitt und große Wirtschaftlichkeit. Solche Fasern stellt man am
einfachsten her, indem hochreine Quarzdrähte von ca. 0,2 mm Durchmesser
mit Kunststoff umspritzt werden. Bei großem Kerndurchmesser und hoher
numerischer Apertur (NA = 0,3 bis 0,4) gestaltet sich nun die Lichteinkopplung deutlich einfacher als bei Gradientenfasern mit NA = 0,2 und
60 µm Kerndurchmesser,wie sie für die Weitverkehrstechnik verwendet werden.
Gleichzeitig stellen diese Fasern dann auch nicht mehr so extreme Anforderungen an die Präzision der Stecker. Bei der Frage der Dämpfung und Laufzeitstreuung ist nun anzumerken, daß schon nach relativ kurzer Entfernung
(einige hundert Meter) das in den Wellen höherer Ordnung geführte Licht

wieder verloren geht. Die zugeordneten Lichtstrahlen mit großem Winkel zur
Achse erleiden nämlich an der Grenzschicht zwischen dem dämpfungsarmen
Kern und dem viel höher dämpfenden Mantel aus Kunststoff starke Reflexionsverluste. Die Dämpfung dieser Kabel beträgt daher in der Praxis mehr als
10 dB/km. Die Laufzeitstreuung liegt wegen der Dämpfung der Wellen
höherer Ordnung aber stets unter $\Delta_n \tau_0$.

3.10 Anwendungen

Man wird überall dort Glasfasern einsetzen, wo die Vorteile dieser Über-
tragungstechnik auch wirklich ausgenutzt werden. Die Gründe für den Einsatz dieser Technik sind mannigfaltig:

- geringes Gewicht und große Flexibilität der Leitung; einfache Verlegung

- Unempfindlichkeit gegenüber Störstrahlung

- Potentialfreiheit zwischen Sender und Empfänger

- extrem große Kabelbandbreite

- extrem große Verstärkerabstände

- einfache Verbindungstechnik bei Einsatz als Weitverkehrskabel

- Abhörsicherheit

- keine Rohstoffprobleme hinsichtlich der Verwendung von Kupfer bei anderen Kabeln

Bei der Verwendung in Flugzeugen und Schiffen spielt das Kabelgewicht eine
große Rolle, bei der Verlegung in die vorhandenen Kabelschächte der Groß-
städte kommt die Flexibilität und der geringe Durchmesser dieser Leitungen
zum Tragen. Für die industrielle Steuerungstechnik ist dagegen eher die
Unempfindlichkeit gegenüber Störstrahlung von Vorteil. Integrierte Breit-
bandnetze mit verschiedenen Diensten für den Teilnehmer wie Telefon, Fern-
sehen etc. wird man wegen der hohen Anforderungen an die Bandbreite,
Reichweite und Flexibilität der Leitungen vernünftigerweise auch mit Glas-
faserkabeln realisieren. Bei Tiefseekabeln bieten Glasfasersysteme den
großen Vorteil weiter Verstärkerabstände, die zwischen 50 km bis 100 km
liegen können.

Von obigen Vorteilen abgesehen, bietet sicherlich die Glasfaser eine
Möglichkeit, den ansteigenden Nachrichtenstrom der Zukunft zu bewältigen.
Von der Rohstoffseite ist allerdings für eine hinreichende Versorgung
mit Kunststoffen zu sorgen, die für den Kabelaufbau benötigt werden. Das
sonst benötigte Quarz steht in unbegrenzten Mengen zur Verfügung.

3.11 Aufgaben

Aufg. 3.1   Berechnen Sie für die Anordnung nach Bild 20 für beide Polarisationen der ebenen Welle Betrag und Phase des Reflexions-
faktors für den Fall der Totalreflexion.

Aufg. 3.2   In Aufgabe 3.1 kann bei der Reflexion einer Welle, die
parallel zur Einfallsebene polarisiert ist, der Reflexionsfaktor $\underline{r}_m$ null werden. Unter welcher Bedingung ist dies möglich? Welcher Winkel muß bei einer Glas-Luft-Grenzschicht eingehalten werden?

Aufg. 3.3   Anstelle des Dielektrikums 2 in Aufgabe 3.1 soll nun Metall ge-
genommen werden. Nach Aufgabe 1.1 führt man dazu eine komplexe
Dielektrizitätszahl ein. Berechnen Sie die Reflexionsfaktoren
$\underline{r}_{e,m}$ allgemein und für $\sigma \to \infty$.

Aufg. 3.4   Berechnen Sie die Reflexionsverluste eines Glasfasersteckers,
der zwei Faserenden ($\emptyset = 2a$) bis auf einen engen Luftspalt $d \ll a$
verbindet. Rechnen Sie mit senkrecht einfallenden ebenen Wellen und vernachlässigen Sie Mehrfachreflektionen sowie die
bei kleinem Abstand auftretenden Interferenzerscheinungen.

Aufg. 3.5   In einer Glasfaser, bei der nur Materialdispersion vorkommt
(wie ebene Welle in Glasblock), werden bei zwei Wellenlängen
$\lambda_{1,2}$ gleichzeitig Lichtimpulse übertragen. Welche Laufzeitdifferenz entsteht nach 1 km Kabellänge bei folgenden Gruppen-
indizes:
$N_1(0,85 \ \mu m) = 1,5 \ ; \quad N_2(1,3 \ \mu m) = 1,49 \ ?$

Aufg. 3.6 Bei einer Glasfaserübertragungsstrecke soll anstelle eines Halbleiterlasers bei λ_{o1} = 0,85 µm mit Δf_1 = 1 THz effektiver Breite der Emissionslinie eine LED bei λ_{o2} = 1,3 µm mit Δf = 12 THz Bandbreite verwendet werden. Wie groß ist die Materialdispersion in beiden Fällen für ein Material nach Bild 22 (lineare Näherung verwenden)?

Aufg. 3.7 Eine 5 km lange Faser weist bei der Wellenlänge minimaler Materialdispersion mit LED (Δf = 12 THz) einen Materialdispersionsanteil von 324 ps auf. Welcher Wert ergäbe sich für einen Halbleiterlaser mit Δf = 1 THz über 50 km?

Aufg. 3.8 In einer Stufenprofilfaser sei nur die Grundwelle (EP_{01}- oder HE_{11}-Welle) ausbreitungsfähig. Das elektrische Feld wird im Kern und Mantel dann näherungsweise durch

$$\underline{E}_x = E_o\, e^{-(\rho/w)^2}\, e^{-j\beta z} \quad \text{mit } w = a\left(0,65 + \frac{1,619}{V^{3/2}} + \frac{2,879}{V^6}\right)$$

als Fleckradius beschrieben, wobei V die normierte Frequenz und a der Kernradius sind. Berechnen Sie die z-Komponente des Poyntingvektors und bestimmen Sie den Faktor E_o für a = 3,4 µm, V = 2 und P_o = 1 mW in z-Richtung transportierter Leistung. Welche maximale Feldstärke tritt in der Faser auf?

Aufg. 3.9 Bestimmen Sie für die Daten der einwelligen Faser nach Aufgabe 3.8 für λ_{o1} = 0,85 µm und λ_{o2} = 1,3 µm die erforderliche numerische Apertur. Welcher Parameter legt allein fest, ob die Faser einwellig betrieben wird?

Aufg. 3.10 Bei einer einwelligen Faser verläuft das Profil nicht stufenförmig, sondern fällt entsprechend der Potenzfunktion

$$n(\rho) = (n_1 - n_2)\left[1 - (\rho/a)^\alpha\right] + n_2$$

mit α als Profilparameter von n_1 auf der Achse auf n_2 an der Kern-Mantel-Grenzschicht ab. Man ersetze das vorliegende Profil durch ein "volumengleiches" Stufenprofil mit einem effek-

tiven Radius a_{eff}. Das Brechungsindexvolumen ist zu bilden aus
$\int_{Kern}\{n(F)-n_2\}dF$. Berechnen Sie die Grenzfrequenz der EP_{11}-Welle.

Aufg. 3.11 Um wieviel Prozent ist das genaue Feld der EP_{01}-Welle in einer
Stufenprofilfaser bei ρ = a abgefallen, wenn die Faser mit
V = 2 betrieben wird? An welcher Stelle beträgt die Feldstärke
nur noch 5% vom Maximalwert, wenn der Kerndurchmesser 2a = 7μm
ist? (Tabelle für Zylinderfunktionen notwendig). Man vergleiche diese Ergebnisse mit den entsprechenden Werten einer gaußförmigen Approximation (vergl. Aufgabe 3.8).

Aufg. 3.12 In eine einwellige Faser mit Stufenprofil (V = 2, N_1 = 1,5
und Δ_n = 0,008) wird ein gaußförmiger Impuls der 1/e-Breite
T_1 = 3ns eingespeist. Der Laser habe ein gaußförmiges
Emissionsspektrum mit B_e = 1 THz Breite. Berechnen Sie den
Ausgangsimpuls nach 30 km Kabellänge für (M_{Kern} = M_{Mantel})

a) λ_{01} = 0,85 μm mit M_1 = 0,3 ns/THz km

b) λ_{02} = 1,2 μm mit M_2 = 0,03 ns/THz km.

Die Profildispersion sei null. Wie weit könnte man bei λ_{02} die
Eingangsimpulsbreite reduzieren, wenn der Ausgangsimpuls gerade um 50% breiter als der Eingangsimpuls sein soll?

Aufg. 3.13 Jede Fourierkomponente eines Strahlungsfeldes besteht aus einer ganzen Zahl m von Photonen der Energie hf mit h als Wir-
kungsquantum . Hinzu addiert sich eine Nullpunktsenergie hf/2.
Die Gesamtenergie E_m = hf (m + $\frac{1}{2}$) ergibt sich als Eigenwert E_m der Differentialgleichung des harmonischen Oszillators

$$\frac{d^2y}{dx^2} + \left(\frac{2 E_m}{hf} - x^2 \right) y = 0.$$

Man bestimme mit Hilfe des Phasenintegrals der WKB-Methode die
erlaubten Werte E_m und vergleiche diese Näherung mit obigem
exakten Ergebnis.

Aufg. 3.14 Man bestimme für Aufgabe 3.13 nach der WKB-Methode näherungsweise die Funktionen $y(x)$ im gesamten Bereich und vergleiche
das Ergebnis am Beispiel $m = 2$ mit der exakten Lösung
$y(x) = \exp(-x^2/2) \cdot H_m(x)$ der Differentialgleichung, wobei H_m
die Hermitschen Polynome mit $H_2 = 4x^2 - 2$ sind.

Aufg. 3.15 Bei ortsunabhängiger Profildispersion $P(\rho, \lambda_0) = P_{00}$ findet
man als optimales Profil $F_0(\rho)$ ein Potenzprofil. Berechnen Sie
für den allgemeineren Fall ortsabhängiger Profildispersion
$(\xi = \rho/a)$

$$P_0(\xi) = P_{00} + P_{01} \cdot \xi + P_{02} \cdot \xi^2 + \dots$$

das optimale Profil. Die Profilkonstanten P_{0j} seien gegeben.

Aufg. 3.16 Eine Gradientenfaser für mittlere Bandbreiten wird mit einem
Potenzprofil hergestellt. Die Profildispersion sei vernachlässigbar klein. Welche Laufzeitstreuung entsteht über 2 km,
wenn der Exponent α bei der Herstellung innerhalb 1,8 bis 2,4
variiert? (NA = 0,2)

Aufg. 3.17 Wie lautet der optimale Exponent einer Faser mit Potenzprofil,
die aufgrund der verwendeten Materialien eine ortsunabhängige
Profildispersion $P_{00} = - 0,1$ aufweist ? (NA = 0,2)

Aufg. 3.18 Bei der Herstellung einer Gradientenfaser für Breitband-
kommunikation wird der Profilparameter D relativ bis auf 0,5%
eingehalten. Welche Laufzeitstreuung erhält man in einer Faser
mit NA = 0,2 über 4 km?

Aufg. 3.19 Man berechne die Laufzeitstreuung eines Potenzprofils für
ortsunabhängige Profildispersion P_{00} im gesamten Bereich $\alpha > 0$
durch entsprechende Fallunterscheidungen.

__Aufg. 3.20__ Für eine Stufenprofilfaser und eine Gradientenfaser ($\alpha = 2$)
ist die Impulsantwort bei gleichmäßiger Anregung der Wellen
durch eine LED zu bestimmen. Die Profildispersion sei null.
Daten: Materialdispersionsfaktor $M = 0{,}3$ ns/THz km

$\qquad L = 1$ km; $B_e = 8$ THz ($1/e$-Wert der Gaußkurve)

$\qquad NA = 0{,}24$; $\tau_0/L = 5$ µs/km

__Aufg. 3.21__ Man bestimme die Impulsantworten in Aufgabe 3.20, wenn anstelle der LED ein Laser mit einer $1/e$-Breite a) 1 THz b) 0,1 THz
genommen wird. Alle Wellen werden wieder gleichmäßig angeregt.

__Aufg. 3.22__ In Aufgabe 3.20 sollen zusätzlich Eigenwellenumwandlungen berücksichtigt werden. Man skizziere die $1/e$-Ausgangsimpulsbrei-
te für einen 1 ns breiten Eingangsimpuls und eine Koppellänge $L_c = 2$ km als Funktion der Kabellänge für
$B_e = 0 / 0{,}1 / 1 / 8$ THz.

__Aufg 3.23__ Man skizziere die Ausgangimpulsbreite T_2 einer Gradientenfa-
ser mit Potenzprofil, wobei $\alpha = 2{,}45$ und $P = 0$ gilt, für
$B_e = 10$ THz und $B_e = 0$ als Funktion der Kabellänge L.
Daten: $L_c = 2$ km; $NA = 0{,}2$

$\qquad M = 0{,}3$ ns/THz km; $\tau_0/L = 5$ µs/km; $T_1 = 1$ ns

__Aufg. 3.24__ Die Phasenkonstante kann wegen der durch (3.43) gegebenen
Grenzen in der normierten Form $B = 1 - (\beta/k_{oo}n_1)^2$ nur innerhalb $0 < B < 2\Delta_n$ schwanken. Vom geometrisch-optischen Stand -
punkt her könnte man die ausbreitungsfähigen Wellen aber auch
dadurch charakterisieren, daß man für die Strahlumkehrpunkte
$0 < \rho_{1{,}2} < a$ fordert. Innerhalb welcher Grenzen liegen bei
einem Potenzprofil mit $\alpha = 2$ aufgrund dieser strahlenoptischen
Grenzbedingung die normierte Phasenkonstante B und die auf V
bezogene Umfangsordnung ℓ?

__Aufg. 3.25__ An eine Gradientenfaser mit Potenzprofil ($\alpha = 2$) wird eine
Lichtquelle mit einer Leuchtfläche 1×10 µm^2 und einem maximalen Öffnungswinkel $\gamma_{max} = 8^{\circ}$ angeschlossen. Man bestimme die
höchste Umfangsordnung der angeregten $EP_{\ell p}$-Wellen.
Daten: $NA = 0{,}2$; $a = 30$ µm; $\lambda_0 = 0{,}8$ µm

Aufg. 3.26   Man dimensioniere einen Reflektor zur Strahltransformation
             zwischen Halbleiterlaser und Glasfaser, wenn die numerische
             Apertur der Faser nur zu 80% ausgeleuchtet werden soll und
             der Laser mit einem halben Öffnungswinkel von $40^{0} \times 5^{0}$ aus ei-
             ner Fläche von 1×10 µm strahlt.
             NA = 0,2; Kerndurchmesser = 60 µm.

Aufg. 3.27   Eine 5 km lange Gradientenfaser (NA = 0,2 und α= 2) mit ei-
             ner Dämpfung von 3 dB/km ist an eine LED mit 1 mW Ausgangslei-
             stung angeschlossen. Man bestimme die Empfangsleistung in dBm
             (0 dBm = 1 mW), wenn die LED-Leuchtfläche gleich der Kern-
             fläche ist.

Aufg. 3.28   Welche zusätzliche Länge könnte man bei gleicher Empfangslei-
             stung in Aufgabe 3.27 mit einem Halbleiterlaser anstelle der
             LED überbrücken, wenn 5 dBm Leistung mit η = 60% eingekoppelt
             werden können?

Lösungen der Übungsaufgaben

Kapitel 1

Aufgabe 1.1

Nach dem Ohmschen Gesetz ist $\vec{S} = \sigma \vec{E}$, so daß

$$\text{rot } \vec{\underline{H}} = j\omega\varepsilon_0\varepsilon_r \underline{\vec{E}} + \sigma \underline{\vec{E}} = j\omega\varepsilon_0 \underline{\varepsilon} \underline{\vec{E}}$$

gilt. Die komplexe Dielektrizitätszahl muß daher zu

$$\underline{\varepsilon} = \varepsilon' - j\varepsilon'' \quad \text{mit} \quad \varepsilon' = \varepsilon_r \quad \text{und} \quad \varepsilon'' = \frac{\sigma}{\omega\varepsilon_0}$$

gewählt werden. Oft schreibt man auch $\underline{\varepsilon} = |\underline{\varepsilon}| \exp(-j\delta)$ mit $\tan\delta = \varepsilon'/\varepsilon''$ als Verlustfaktor und $|\underline{\varepsilon}| = \sqrt{\varepsilon'^2 + \varepsilon''^2}$ als Betrag.

Aufgabe 1.2

Die Lösung der Wellengleichung weist (nicht nur bei ebenen Wellen) immer eine z- und t-Abhängigkeit der Form

$$e^{j(\omega t \pm \beta z)} = e^{j 2\pi(\frac{t}{T} \pm \frac{z}{\lambda})}$$

auf. Die Lösung ist zeitlich mit $T = 1/f = 2\pi/\omega$ und räumlich mit $\lambda = 2\pi/\beta$ periodisch, wobei λ die Wellenlänge ist. Es gilt also der Zusammenhang

$$\beta = 2\pi/\lambda \ .$$

Bei ebenen Wellen in obigem Medium ist

$$v_g = v = \frac{c_0}{\sqrt{\varepsilon_r}} = 2{,}12 \ 10^8 \ \text{m/s}$$

und

$$\lambda \;=\; \frac{2\pi}{\beta} \;=\; \frac{2\pi}{\omega\sqrt{\mu\varepsilon}} \;=\; \frac{c_0}{f\sqrt{\varepsilon_r}} \;=\; \frac{\lambda_0}{\sqrt{\varepsilon_r}}$$

mit $\lambda_0 = c_0/f = 30$ cm als Wellenlänge in Vakuum. Im Stoff reduziert sich die Wellenlänge auf $\lambda = 30$ cm$/\sqrt{2} = 21{,}2$ cm, wobei die Frequenz unverändert bleibt. Die Phasenkonstante ergibt sich zu $\beta = 0{,}3$ cm^{-1}. In Luft ist $v_g = v = c_0$ und $\beta_0 = 2\pi/\lambda_0$.

Aufgabe 1.3

Das elektrische Feld weist nur eine x-Abhängigkeit auf. Nach (1.25) gilt daher

$$\vec{E}_0 \;=\; \begin{pmatrix} E_{0x} \\ 0 \\ 0 \end{pmatrix} \;=\; \begin{pmatrix} E_{0x}\cdot e^{j\varphi_x} \\ 0 \\ 0 \end{pmatrix}.$$

Mit Gleichung (1.26) erhält man dann

$$E_x(z,t) \;=\; \sqrt{2}\; E_{0x}\; \cos(\omega t - \beta z + \varphi_x).$$

Da für $t,z = 0$ das elektrische Feld seinen Maximalwert $\sqrt{2}\,E_0$ annehmen soll, gilt $E_{0x} = E_0$ und $\varphi_x = 0$. Man erhält mit $\omega = 2\pi/T$ und $\beta = 2\pi/\lambda$ dann

$$E_x(z,t) \;=\; \sqrt{2}\; E_0\; \cos\left[\,2\pi\left(\frac{t}{T} - \frac{z}{\lambda}\right)\right],$$

wobei $T = 1/f = 1$ ns und nach Aufgabe 1.2 $\lambda = 21{,}2$ cm sind.

Die Momentaufnahmen sind in nebenstehender Skizze für $t = 0$ und $t = 0{,}25$ ns dargestellt.

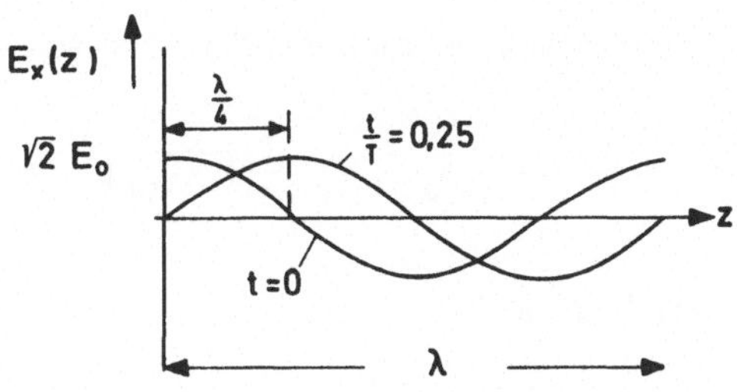

Bild A 1 Momentane Feldstärkeverläufe der ebenen Wellen

Aufgabe 1.4

Der Wellenwiderstand ebener Wellen berechnet sich entsprechend (1.35) mit $\varepsilon_r = 2$ und $\mu_r = 1$ zu

$$Z = \sqrt{\frac{\mu}{\varepsilon}} = \frac{377\ \Omega}{\sqrt{\varepsilon_r}} = 267\ \Omega\ .$$

Die von der Welle geführte Leistungsdichte wird durch den Poyntingvektor $\vec{\underline{S}}$ angegeben, der nur eine reelle Komponente in Ausbreitungsrichtung enthält. Nach (1.39) ergibt sich allgemein für eine ebene Welle

$$S_z = \frac{1}{Z} \left(|\underline{E}_x|^2 + |\underline{E}_y|^2 \right).$$

Mit (1.21) und (1.22) gilt für vorlaufende Wellen $\underline{E}_{x,y} = \underline{E}_{ox,y} \cdot e^{-j\beta z}$, so daß $|\underline{E}_x|^2 = |\underline{E}_{ox}|^2$ und $|\underline{E}_y|^2 = |\underline{E}_{oy}|^2$ wird.

Im vorliegenden Fall (siehe Aufgabe 1.3) verschwindet die y-Komponente, und wir erhalten mit $|\underline{E}_y|^2 = 0$ sowie $\underline{E}_{ox} = E_o$ aus Aufgabe 1.3

$$S_z = \frac{|\underline{E}_x|^2}{Z} = \frac{|\underline{E}_{ox}|^2}{Z} = \frac{E_o^2}{Z} = 0{,}37\ \text{W/cm}^2\ .$$

In einer 1 cm^2 großen Fläche führt die Welle dann 0,37 Watt.

Aufgabe 1.5

Der Poyntingvektor nach (1.39) kann mit $|\underline{E}_{x,y}| = |\underline{E}_{ox,y}|$ auch in der Form

$$\vec{\underline{S}} = S_z = \frac{1}{Z} \left(|\underline{E}_{ox}|^2 + |\underline{E}_{oy}|^2 \right)$$

geschrieben werden.

Bei linearer Polarisation lautet mit $\underline{E}_{ox} = E_{ox}\, e^{j\varphi}$ und $\underline{E}_{oy} = E_{oy}\, e^{j\varphi}$ die allgemeine Lösung nach (1.40)

$$\vec{E}(z,t) \;=\; \sqrt{2} \begin{pmatrix} E_{ox} \\ E_{oy} \\ 0 \end{pmatrix} \cos(\omega t - \beta z + \varphi).$$

Wenn die Schwingungsebene mit der x-Achse einen Winkel von 30° bildet, muß nach Bild 2

$$\frac{|\underline{E}_{oy}|}{|\underline{E}_{ox}|} \;=\; \frac{E_{oy}}{E_{ox}} \;=\; \tan 30^{o}, \quad \text{d.h.} \quad |\underline{E}_{oy}| \;=\; 0,58\,|\underline{E}_{ox}|$$

sein. Setzt man dieses Ergebnis für $|\underline{E}_{oy}|$ in den Ausdruck für S_z ein, kann man nach $|\underline{E}_{ox}|$ auflösen und erhält mit $\sqrt{S_z Z} = 10$ V/cm

$$|\underline{E}_{ox}| \;=\; \sqrt{\frac{Z \cdot S_z}{1 + \tan^2 \alpha}} \;=\; 8,7 \text{ V/cm}$$

und

$$|\underline{E}_{oy}| \;=\; 5 \text{ V/cm.}$$

Der Feldstärkevektor lautet bei linearer Polarisation dann

$$\vec{E}(z,t) \;=\; \sqrt{2} \begin{pmatrix} 8,7 \\ 5 \\ 0 \end{pmatrix} \frac{V}{cm} \cdot \cos(\omega t - \beta z + \varphi).$$

Bei <u>zirkularer oder elliptischer Polarisation</u> lautet der Feldstärkevektor nach (1.42)

$$\vec{E}(z,t) \;=\; \sqrt{2} \begin{pmatrix} E_{ox} \cos\phi \\ \mp E_{oy} \sin\phi \\ 0 \end{pmatrix} \quad \text{mit} \quad \phi = \omega t - \beta z + \varphi_x,$$

wobei

$$\underline{E}_{ox} \;=\; E_{ox}\, e^{j\varphi_x} \quad \text{und} \quad \underline{E}_{oy} \;=\; E_{oy}\, e^{j(\varphi_x \pm \pi/2)}.$$

Im Falle zirkularer Polarisation mit $E_{ox} = E_{oy} = E_0$ wird

$$S_z Z = |\underline{E}_{ox}|^2 + |\underline{E}_{oy}|^2 = E_{ox}^2 + E_{oy}^2 = 2 E_0^2 ,$$

so daß

$$E_0 = \frac{10}{\sqrt{2}} \ V/cm$$

ist. Die Lösung lautet dann für zirkulare Polarisation

$$\vec{E}(z,t) = 10 \ \frac{V}{cm} \begin{pmatrix} \cos\phi \\ \mp \sin\phi \\ 0 \end{pmatrix} ,$$

wobei der in ϕ enthaltene Winkel φ_x unbestimmt bleibt. Das positive Vorzeichen ergibt hierbei eine rechtsdrehende, das negative Vorzeichen eine linksdrehende Welle.

Im Falle einer elliptischen Polarisation nach Aufgabenstellung gilt nach Bild 3 $E_{oy} = E_{ox}/2$, so daß

$$S_z Z = |\underline{E}_{ox}|^2 + |\underline{E}_{oy}|^2 = E_{ox}^2 + E_{ox}^2/4 = \frac{5}{4} E_{ox}^2 .$$

Mit $\sqrt{S_z Z} = 10 \ V/cm$ erhält man $E_{ox} = \frac{20}{\sqrt{5}} \ V/cm$ und damit die Gesamtlösung für elliptische Polarisation

$$\vec{E}(z,t) = \sqrt{2} \ \frac{20}{\sqrt{5}} \begin{pmatrix} \cos\phi \\ \mp 0,5 \sin\phi \\ 0 \end{pmatrix} \frac{V}{cm} = \begin{pmatrix} 12,6 \cos\phi \\ \mp 6,3 \sin\phi \\ 0 \end{pmatrix} \frac{V}{cm} .$$

Kapitel 2

Aufgabe 2.1

Der Phasor des elektrischen Feldes lautet für H-Wellen mit $\underline{E}_z = 0$ nach (2.31) und (2.32)

$$\vec{\underline{E}} = \underline{N}^H \begin{pmatrix} k_y \cos k_x x \cdot \sin k_y y \\ - k_x \cos k_y y \cdot \sin k_x x \\ 0 \end{pmatrix} e^{-j\beta z} \ .$$

Für den Poyntingvektor gilt mit $\underline{H}_x = - \underline{E}_y / Z^H$ und $\underline{H}_y = \underline{E}_x / Z^H$

$$\vec{\underline{S}} = \vec{\underline{E}} \times \vec{\underline{H}}^* = \begin{vmatrix} \cdot & \cdot & \cdot \\ \underline{E}_x & \underline{E}_y & 0 \\ \underline{H}_x^* & \underline{H}_y^* & \underline{H}_z^* \end{vmatrix} = \begin{pmatrix} \underline{E}_y \underline{H}_z^* \\ - \underline{E}_x \underline{H}_z^* \\ (|\underline{E}_x|^2 + |\underline{E}_y|^2)/Z^H \end{pmatrix} \ .$$

Da $\underline{E}_{x,y} \cdot \underline{H}_z^*$ imaginär ist, pendelt in transversaler Richtung nur Blindleistung (stehende Welle). Die z-Komponente des Poyntingvektors ist reell. Durch Integration dieser Leistungsdichte über den Hohlleiterquerschnitt erhält man die in der betrachteten Welle geführte Leistung

$$P_{mn} = \int\limits_{\substack{\text{Hohl-} \\ \text{leiter}}} S_z \, dA = \frac{1}{Z^H} \int\limits_{y=0}^{b} \int\limits_{x=0}^{a} (\, |\underline{E}_x|^2 + |\underline{E}_y|^2 \,) \, dx \, dy \ .$$

Setzt man $|\underline{E}_{x,y}|$ von oben ein, ergibt sich

$$P_{mn} = \frac{|N^H|^2}{Z^H} \int\limits_{y=0}^{b} \int\limits_{x=0}^{a} (k_y^2 \cos^2 k_x x \cdot \sin^2 k_y y + k_x^2 \cos^2 k_y y \cdot \sin^2 k_x x) \, dx \, dy$$

mit

$$k_x = m\pi/a \qquad (\, m = 1,2 \ldots)$$

$$k_y = n\pi/b \qquad (\, n = 0,1,2 \ldots) \ .$$

Die Integration über x liefert nur den Faktor a/2, so daß

$$P_{mn} = \frac{|\underline{N}^H|^2}{Z^H} \; \frac{a}{2} \; \int_0^b \; (\; k_y^2 \sin^2 k_y y \; + k_x^2 \cos^2 k_y y \;)\; dy$$

ist. Bei der verbleibenden Integration über y ist nun zu beachten, daß wegen n = 0 auch der Fall k_y = 0 mitzunehmen ist. Mit einer entsprechenden Fallunterscheidung erhält man dann

$$P_{mn} = \frac{a\,|\underline{N}^H|^2}{2\,Z^H} \begin{cases} k_x^2 \cdot b & \text{für } n = 0 \\ (\; k_x^2 + k_y^2\;) \cdot b/2 & \text{für } n > 0 \end{cases} \; .$$

Löst man nun diese Gleichung nach $|\underline{N}^H|$ auf, lautet der Betrag des Normierungsfaktors der H_{mn}-Wellen

$$|\underline{N}^H| = \frac{\sqrt{P_{mn}\,Z^H}}{\pi\,\sqrt{a\cdot b}\;\sqrt{(\frac{m}{a})^2+(\frac{n}{b})^2}} \begin{cases} \sqrt{2} & \text{für } n = 0 \\ 2 & \text{für } n > 0 \end{cases} \; ,$$

wobei P_{mn} die in der Welle (m,n) geführte Leistung, Z^H der Wellenwiderstand nach (2.34) mit der Phasenkonstanten nach (2.40) und a,b die Querschnittsabmessungen sind.

<u>Aufgabe 2.2</u>

Nach (2.38) lautet die Amplitude der elektrischen Feldstärke bei der H_{10}-welle $\hat{\underline{E}} = \sqrt{2}\;|\underline{N}^H|\pi/a$ mit $|\underline{N}^H|$ als Betrag des Normierungsfaktors, für den mit m = 1 und n = 0 nach Aufgabe 2.1

$$|\underline{N}^H| = \frac{\sqrt{P_{10}\,Z^H}}{\pi\,\sqrt{b/a}}\;\sqrt{2}$$

gilt.

Der Wellenwiderstand ergibt sich aus (2.34),(2.40) und (2.39) zu

$$Z^H = \frac{\sqrt{\mu/\varepsilon}}{\sqrt{1 - (f_{c10}/f)^2}} \qquad \text{mit} \quad f_{c10} = \frac{1}{2a\sqrt{\mu\varepsilon}} = \frac{c_0}{2a}$$

nach (2.41). Mit den angegebenen Zahlenwerten wird f_{c10} = 6 GHz, Z^H= 471 Ω und

$$\hat{E} = 2\sqrt{\frac{P_{10}\,Z^H}{ab}} = 24{,}6 \text{ V/cm} .$$

Die letztere Formel läßt sich relativ einfach interpretieren: Bildet man für das elektrische Feld in Bild 5 den räumlichen und zeitlichen Effektiv- wert, dann ist jeweils ein Faktor $1/\sqrt{2}$ gegenüber dem Maximalwert $\hat{E}$ anzu - setzen. Die Leistung im Querschnitt a·b ist dann einfach

$$P_{10} = \frac{1}{Z^H} \left(\hat{E} / \sqrt{2}\,^2 \right)^2 a\cdot b .$$

Diese Beziehung ist mit obiger Gleichung identisch.

Aufgabe 2.3

Die Phasenkonstante lautet mit (2.39), (2.40) und $x = f/f_c$

$$\beta = 2\pi\sqrt{\mu\varepsilon}\, f_c \cdot \sqrt{x^2 - 1}$$

und die Gruppenlaufzeit dann mit (2.42)

$$\tau = \tau_0 \frac{x}{\sqrt{x^2 - 1}} .$$

Unterhalb der Grenzfrequenz wird wegen $x < 1$ die Ausbreitungskonstante β imaginär, und es ergibt sich der Dämpfungsfaktor $\alpha = j\beta$ zu

$$\alpha = 2\pi\sqrt{\mu\varepsilon}\, f_c \sqrt{1 - x^2} .$$

Die Wellenwiderstände nach (2.24) und (2.34) lauten in diese Schreibweise

$$Z^H = Z_0 \frac{x}{\sqrt{x^2 - 1}} \quad \text{und} \quad Z^E = Z_0 \frac{\sqrt{x^2 - 1}}{x}$$

mit $Z_0 = \sqrt{\mu/\varepsilon}$ als Wellenwiderstand der ebenen Welle. Unterhalb der Grenzfrequenz geht in (2.24) und (2.34) β in $-j\alpha$ über. Für H-Wellen wird dann der Wellenwiderstand induktiv und für E-Wellen kapazitiv: Man erhält

$$Z^H = j\, Z_0 \frac{x}{\sqrt{1 - x^2}}$$

und

$$Z^E = -j\, Z_0 \frac{\sqrt{1 - x^2}}{x} \; .$$

Nebenstehende Skizze zeigt die Verläufe der Phasenkonstanten und Dämpfungskonstanten sowie der Gruppenlaufzeit in normierter Darstellung. Darunter sind die Wellenwiderstände aufgetragen.

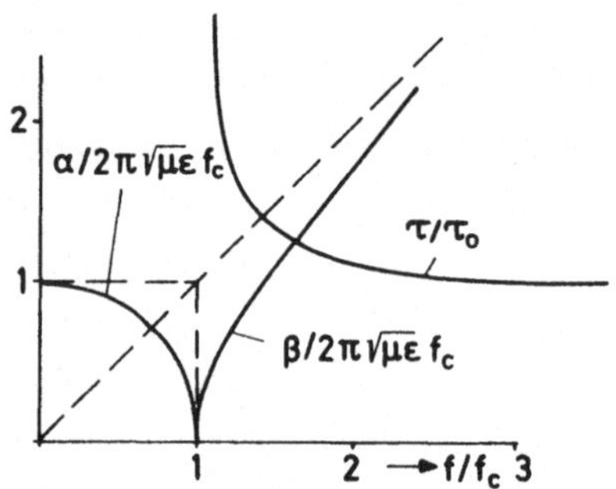

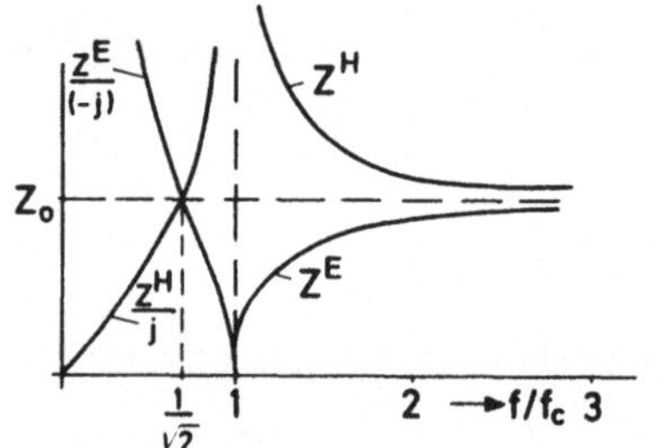

Bild A 2 Phasenkonstante (Dämpfungskonstante), Gruppenlaufzeit und Wellenwiderstand im Hohlleiter als Funktion der normierten Frequenz f/f_c

Aufgabe 2.4

Es gilt

$$f_{c10}^{(N_2)} = \frac{f_{c10}^{(\text{Vakuum})}}{\sqrt{\varepsilon_r}}$$

mit $f_{c10}^{(\text{Vakuum})} = 6$ GHz. In Stickstoff verringert sich die Grenzfrequenz dann um 1,82 MHz.

Aufgabe 2.5

Eine Elementarwelle, die sich unter dem Winkel ψ zur z-Achse ausbreitet, legt in Bild 10 pro Reflexion den Weg

$$\Delta z = \frac{a}{\tan\psi}$$

zurück. Bei einer Gesamtlänge L entstehen dann $q = L/\Delta z$ Reflexionen. Mit ψ nach (2.47) ergeben sich für $f_{c10} = 6$ GHz bei den vorliegenden Werten

$$q = \frac{L}{a} \; \frac{f_{c10}/f}{\sqrt{1 - (f_{c10}/f)^2}} = 3000 \;\; \text{Reflexionen.}$$

Aufgabe 2.6

Nach (2.51) gilt für die Dämpfung durch dielektrische Verluste

$$\alpha_d = \pi \, \tan\delta \; \frac{f \sqrt{\varepsilon_r}}{c_o \sqrt{1 - (f_{cmn}/f)^2}} \quad ,$$

wobei nach Aufgabe 1.1

$$\varepsilon_r = \varepsilon' \quad\quad \text{und} \quad\quad \tan\delta = \varepsilon''/\varepsilon'$$

ist. Für die gegebenen Zahlenwerte erhält man

$$\alpha_d = 6,3 \; 10^{-3} \; \frac{Np}{m} = 5,47 \; 10^{-2} \; \frac{dB}{m} \quad .$$

Aufgabe 2.7

Nach (2.77) beträgt die Grenzfrequenz der H_{01}- oder E_{11}-Welle mit $c_0 = \dfrac{1}{\sqrt{\mu\epsilon}}$

$$f_{c01}^{(H)} = f_{c11}^{(E)} = \frac{c_0}{2a} \; \frac{3,83}{\pi} = 3,66 \text{ GHz.}$$

Gleichung (2.79) gibt die Dämpfung der Wellen an. Die Ausdrücke sind bis auf den Faktor $(f_c/f)^2$ gleich, und das gesuchte Verhältnis lautet

$$\frac{\alpha_{11}^{E}}{\alpha_{01}^{H}} = (f/f_c)^2 = 7,5 \; .$$

Aufgabe 2.8

Die Dämpfung der H_{0p}-Wellen entnehmen wir mit $\ell = 0$ Gleichung (2.79)

$$\alpha_{0p}^{(H)} = \frac{\sqrt{\dfrac{\omega \, \epsilon_0}{2 \, \sigma}}}{a} \cdot \frac{(f_c/f)^2}{\sqrt{1 - (f_c/f)^2}} \; ,$$

wobei $f_c = f_{c0p}^{(H)}$ zu setzen ist. Für die gegebenen Werte erfährt die H_{01}-Welle eine Dämpfung von nur

$$\alpha_{01}^{(H)} = 0,2 \; 10^{-5} \; \text{cm}^{-1} = 0,2 \; \frac{\text{Np}}{\text{km}} = 1,7 \; \frac{\text{dB}}{\text{km}} \; .$$

Bei derart niedrigen Dämpfungswerten kann man Nachrichten über große Entfernungen übertragen. Entsprechende Projekte werden aber nicht mehr verfolgt, weil Glasfasern ähnlich gute Eigenschaften aufweisen und die übrigen Nachteile der Hohlleiter weitgehend vermeiden.

Kapitel 3

Aufgabe 3.1

Die Reflexionsfaktoren nach (3.21) und (3.22) kann man bei Totalreflexion mit $\cos\theta_1 > n_2/n_1$ in der Form

$$\underline{r}_{e,m} = \frac{\sin\theta_1 - j\,\gamma\,\sqrt{\cos^2\theta_1 - (n_2/n_1)^2}}{\sin\theta_1 + j\,\gamma\,\sqrt{\cos^2\theta_1 - (n_2/n_1)^2}}$$

schreiben. Dabei gilt für a) $\underline{r} = \underline{r}_e$: $\gamma = 1$

b) $\underline{r} = \underline{r}_m$: $\gamma = (n_1/n_2)^2$.

Mit $\underline{r}_{e,m} = |\underline{r}_{e,m}| \cdot \exp(j\varphi_{e,m})$ lauten die Beträge und Phasenwinkel

$$|\underline{r}_{e,m}| = 1 \quad , \quad \varphi_{e,m} = -2 \arctan\left[\frac{\sqrt{\cos^2\theta_1 - (n_2/n_1)^2}}{\sin\theta_1}\,\gamma\right].$$

Beim Grenzwinkel der Totalreflexion verschwindet die Wurzel, so daß $\varphi_{e,m} = 0$ wird. Für $\theta_1 \to 0$ gilt andererseits $\varphi_{e,m} \to -\pi$.

Aufgabe 3.2

In Aufgabe 3.1 wird der Reflexionsfaktor $\underline{r}_m$ für $\theta_1 = \theta_0$ null, wenn

$$\sin\theta_0 = \frac{\varepsilon_{r1}}{\varepsilon_{r2}}\sqrt{\frac{\varepsilon_{r2}}{\varepsilon_{r1}} - \cos^2\theta_0}$$

gilt. Mit $\sin\theta_0 = \sqrt{1 - \cos^2\theta_0}$ erhalten wir eine Gleichung für $\cos^2\theta_0$ mit der Lösung

$$\cos\theta_0 = \sqrt{\frac{1}{1 + (n_1/n_2)^2}} \quad , \text{ d.h., } \quad \tan\theta_0 = n_1/n_2 \,.$$

Der Winkel θ_0 wird als Brewsterwinkel bezeichnet. Unter diesem Winkel fällt eine entsprechend polarisierte Welle angepaßt in einen Glasblock. Mit $n_1:n_2 = 1:1,5$ ergibt sich ein Winkel von $33,7^O$. Andererseits ist bei der Reflexion an dielektrischen Schichten unter dem Brewsterwinkel das reflektierte Licht wegen $\underline{r}_m = 0$ und $\underline{r}_e \neq 0$ in einer Ebene und damit linear polarisiert. Dieser Effekt wird in der Optik vielfach ausgenutzt. In der Phototechnik beseitigt man zum Beispiel mit einem Polarisator die andere Polarisation auch noch und blendet damit störende Reflexionen von nichtmetallischen Flächen aus.

Aufgabe 3.3

Bei der Reflexion an einer Metallschicht wird nach Aufgabe 1.1

$$\underline{\varepsilon}_{r2} = \varepsilon_2' - j\,\varepsilon_2'' \quad \text{mit} \quad \varepsilon_2'' = \frac{\sigma}{\omega\varepsilon_0}$$

gesetzt. Für sehr gute Leitfähigkeit gilt einfach

$$\underline{\varepsilon}_{r2} \approx -j\,\varepsilon_2''$$

und für die Reflexionsfaktoren dann

$$\underline{r}_{e,m} = \frac{\sin\theta_1 - \gamma\sqrt{\dfrac{-j\varepsilon_2''}{\varepsilon_{r1}} - \cos^2\theta_1}}{\cdots \quad + \quad \cdots\cdots\cdots}$$

mit $\gamma = 1$ für $\underline{r}_e$ und $\gamma = \varepsilon_{r1}/(-j\varepsilon_2'')$ für $\underline{r}_m$. Bei unendlich großer Leitfähigkeit findet man

$$\underline{r}_e = -1 \quad \text{und} \quad \underline{r}_m = +1 \quad (\varepsilon_2'' \text{ und } \sigma \to \infty)$$

Die Metallflächen wirken daher wie Spiegel. Bei den H_{m0}-Wellen des Rechteckhohlleiters mit dem elektrischen Feld parallel zur Seitenwand reflektieren die ebenen Elementarwellen mit $\underline{r}_e = -1$ und gewährleisten damit das Verschwinden des elektrischen Feldes im Metall. Die E-Wellen stellen gerade die andere Polarisation dar, bei denen $\underline{r}_m = +1$ gilt.

Aufgabe 3.4

Bei senkrechtem Einfall ebener Wellen gilt unabhängig von der Polarisation
nach (3.21) und (3.22) mit $\theta_1 = 90^o$ und $|\underline{r}| = |\underline{r}_{e,m}|$

$$|\underline{r}| \;=\; \frac{|\,1 - \sqrt{\varepsilon_{r2}/\varepsilon_{r1}}\,|}{.. + ...} \;=\; \frac{|n_1 - n_2|}{n_1 + n_2}\;.$$

Mit $Z_{1,2} = \sqrt{\mu/\varepsilon_{1,2}}$ als Wellenwiderstand der ebenen Wellen gilt also die
Formel $\underline{r} = (\,Z_2 - Z_1\,)/(\,Z_2 + Z_1\,)$ wie bei gewöhnlichen Leitungen. Das
Betragsquadrat

$$|\underline{r}|^2 \;=\; \left|\,\frac{n_1 - n_2}{n_1 + n_2}\,\right|^2$$

gibt die auf 1 bezogene reflektierte Leistung an. Ein Glas-Luft-Übergang
mit $n_1 = 1{,}5$ und $n_2 = 1$ ergibt $|\underline{r}|^2 = 4\%$ Reflexionsverluste. Beim Über-
gang in die zweite Faser entstehen dieselben Verluste, so daß insgesamt
etwa 8% entsprechend $10 \log \dfrac{1}{0{,}92}$ dB $= 0{,}36$ dB Koppelverluste auftreten.
Mit Immersionsöl könnte man diese Verluste beseitigen. Eine andere Möglichkeit bietet ein $\lambda/4$-Transformator in Form einer $\lambda/4$-Vergütungsschicht.
Die Schichtdicke d_s auf beiden Faserenden muß dann zu $d_s = \lambda_0/(4n_s)$ gewählt werden mit $Z_s = \sqrt{Z_1 Z_2}$ als Wellenwiderstand, bzw. $n_s = \sqrt{n_1 n_2} \approx 1{,}22$
als Brechzahl des aufgedampften Materials. Wir können all diese Formeln
aus der Leitungstheorie verwenden, weil die Wellen auf gewöhnlichen Leitungen ebenso wie die ebenen Wellen TEM-Wellen sind.

Aufgabe 3.5

Die Gruppenlaufzeit lautet

$$\tau \;=\; \frac{L\,N(\lambda_0)}{c_0}\;,$$

für die sich 5000 ns bzw. 4967 ns ergeben. Die Laufzeitunterschiede von
33 ns aufgrund unterschiedlicher Wellenlängen sind bei der parallelen Übertragung von Daten sorgfältig zu beachten und ggf. auszugleichen.

Aufgabe 3.6

Für die Laufzeitdifferenz durch Materialdispersion gilt nach (3.26) mit $M_1 = 0,27$ ns/THz km und $M_2 = 0,04$ ns/THz km in linearer Näherung

$$\frac{\Delta\tau_{M1,2}}{L} = M_{1,2} \cdot \Delta f_{1,2} = \begin{cases} 0,27 \text{ ns/km} & \text{(Laser)} \\ 0,48 \text{ ns/km} & \text{(LED)} \end{cases} \quad .$$

Die quadratische Näherung mit den Laufzeitunterschieden nach (3.31) darf noch nicht genommen werden, da in Bild 22 die Arbeitswellenlänge noch zu weit vom Nulldurchgang entfernt liegt. LED zeigen also bereits in der Nähe der Wellenlänge minimaler Materialdispersion von der Größenordnung her dieselbe Materialdispersion wie Laser bei 0,85 μm.

Aufgabe 3.7

Bei der Wellenlänge minimaler Materialdispersion gilt

$$\Delta\tau_M' \sim L \cdot \Delta f^2 \, ,$$

so daß

$$\Delta\tau_{M\,\text{Laser}}' = 324 \text{ ps} \, \frac{50 \text{ km}}{5 \text{ km}} \left[\frac{1 \text{ THz}}{12 \text{ THz}} \right]^2 = 22,5 \text{ ps}$$

wird. Der quadratische Einfluß der Bandbreite überwiegt den linearen Einfluß der Kabellänge und führt zu einer verschwindend kleinen Materialdi - spersion.

Aufgabe 3.8

Für den Poyntingvektor gilt

$$\vec{S} = \vec{E} \times \vec{H}^* = \begin{vmatrix} \cdot & \cdot & \cdot \\ E_x & E_y^{\,0} & E_z \\ H_x^{\,0} & H_y^* & H_z^* \end{vmatrix} \, ,$$

wobei für die z-Komponente $\underline{S}_z = \underline{E}_x \underline{H}_y^*$ gilt oder, wenn man mit (3.46) für Kern und Mantel den etwa gleichen Wellenwiderstand

$$Z = \frac{\underline{E}_x}{\underline{H}_y} = \sqrt{\frac{\mu_0}{\varepsilon_0}} \frac{1}{n_0}$$

mit $n_0 \approx 1{,}5$ einführt,

$$\underline{S}_z = \frac{|\underline{E}_x|^2}{Z} = \frac{E_0^2}{Z} e^{-2\left(\frac{r}{w}\right)^2} .$$

Durch Integration über den Kern- und Mantelbereich berechnet sich die geführte Leistung aus

$$P_0 = \int \underline{S}_z \, dA = \frac{E_0^2}{Z} \int_0^\infty e^{-2\left(\frac{r}{w}\right)^2} 2\pi r \, dr .$$

Mit $2r \, dr = dr^2$ und $\int_0^\infty e^{-x} dx = 1$ folgt direkt

$$E_0 = \frac{1}{w} \sqrt{\frac{2 Z P_0}{\pi}} ,$$

so daß mit $w = 4{,}3$ µm als Effektivwert $E_0 = 930$ V/cm und als Spitzenwert 1,3 kV/cm auftreten.

Aufgabe 3.9

Allein durch den Frequenzparameter

$$V = 2\pi \frac{a}{\lambda_0} NA$$

wird festgelegt und bestimmt, ob die Faser einwellig betrieben wird. Mit $V_c = 2{,}405$ als Obergrenze des Einwelligkeitsbereiches muß

$$NA_{1,2} < \frac{V_c}{2\pi \, a/\lambda_{o1,2}}$$

sein. Bei $V = 2$ ergibt sich $NA_1 = 0{,}08$ und $NA_2 = 0{,}12$.

<u>Aufgabe 3.10</u>

Das Volumen des Brechungsindexkörpers für das gegebene Profil vergleichen
wir mit dem Volumen des Brechungsindexkörpers einer Stufenprofilfaser, der
die Gestalt eines Zylinders der Höhe n_1-n_2 und der Grundfläche $a_{eff}^2\pi$ hat.
Das Volumen dieser Vergleichsfaser lautet dann mit Bild A3

$$V_{Stufe} \; = \; (n_1 - n_2) \; a_{eff}^2 \cdot \pi \; .$$

Bei graduellem Abfall müssen wir über die Oberfläche integrieren. Mit
$dF = 2\pi\,\rho\;d\rho$ als Flächenelement wird

$$V_{Grad.} \; = \; (n_1-n_2) \int_o^a (1 - (\rho/a)^\alpha)2\pi\rho \; d\rho \; = \; (n_1 - n_2) \; \pi a^2 \frac{\alpha}{\alpha+2} \; .$$

Durch Vergleich der beiden Volumina finden wir den Kernradius der Ersatzstufenprofilfaser

$$a_{eff} \; = \; a \; \sqrt{\frac{\alpha}{\alpha+2}} \; .$$

Mit $V = 2\pi\;NA\;a/\lambda_o$ als normierter Frequenz der vorliegenden Faser mit
graduellem Abfall des Brechzahlverlaufes und der bekannten Einwelligkeits-
bedingung, die wir jetzt auf die Ersatzstufenprofilfaser anwenden,

$$2\pi\;NA\;a_{eff}/\lambda_o \; < \; 2{,}405 \; ,$$

gilt für den Einwelligkeitsbereich der Gradientenfaser die Bedingung
$V < 2{,}405 \cdot a/a_{eff}$, so daß durch α ausgedrückt

$$V \; < \; 2{,}405 \sqrt{\frac{\alpha+2}{\alpha}}$$

erfüllt sein muß. Die Grenzfrequenz
der EP_{11}-Welle lautet damit $V_c = 3{,}4$
gegenüber dem exakten Wert von 3,52
nach Kapitel 3.9 , wenn wir $\alpha = 2$
nehmen.

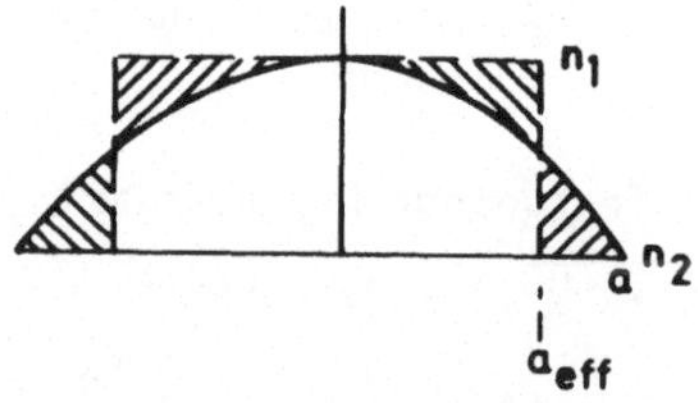

Bild A 3 Brechungsindexkörper bei Gradientenfaser und volumengleicher Brechungsindex-
zylinder der Ersatzstufenprofilfaser

Aufgabe 3.11

Es gilt für das Feld der Grundwelle im Kern

$$\underline{E}_x^{(1)} = A_1 \; J_0(U \, \rho/a)$$

mit U nach (3.33). Diesen Parameter U drücken wir nun mit Hilfe der Näherung für die normierte Phasenkonstante B_N nach (3.48) direkt durch die normierte Frequenz V aus. Mit (3.33), (3.48) und (3.50) sowie $k_{00} = 2\pi/\lambda_0$ gilt

$$U = V \; \frac{\sqrt{3 + 2\sqrt{2}}}{1 + (4+V^4)^{1/4}} \; .$$

Für eine normierte Frequenz $V = 2$ folgt $U = 1{,}55$. Mit $J_0(0) = 1$ und $J_0(1{,}55) = 0{,}48$ ist bei $\rho = a$ das Feld um 52% auf 48% des Anfangswertes abgefallen.

Im Mantel lautet das Feld

$$\underline{E}_x^{(2)} = A_2 \; K_0(W \, \rho/a) \; ,$$

wobei $W = \sqrt{V^2 - U^2} = 1{,}26$ ist. Da an der Kern-Mantel-Grenzschicht die Feldstärken mit $n_1 \approx n_2$ etwa gleich sind, gilt die Bedingung

$$A_1 \; J_0(1{,}55) = A_2 \; K_0(1{,}26) \; ,$$

woraus mit $K_0(1{,}26) = 0{,}29$ ein Verhältnis $A_2/A_1 = 1{,}65$ folgt.

Wir bezeichnen nun diejenige Stelle, bei der das Feld auf 5% von A_1 abgefallen ist, mit $\rho = \rho_5$. Dann berechnet sich dieser Wert aus

$$A_2 \; K_0(W \, \rho_5/a) = A_1 \cdot 1{,}65 \; K_0(W \, \rho_5/a) \;\overset{!}{=}\; 0{,}05 \, A_1 \; .$$

Daraus folgt die Bedingung $K_0(W \, \rho_5/a) = 0{,}0303$. Aus einer Tabelle bestimmt man durch geeignete Interpolation das Argument zu $W \, \rho_5/a = 3{,}12$. Mit obigem Wert für W wird $\rho_5 = 2{,}48 \, a = 8{,}7 \, \mu m$.

Diese Ergebnisse vergleichen wir nun mit dem Feldverlauf bei gaußförmiger
Approximation des Feldverlaufes. Nach Aufgabe 3.8 ergibt sich für $V = 2$
ein Fleckradius $w = 1,27$ a und ein Funktionsverlauf

$$\underline{E}_x = A_1 \; \exp\left[- (\rho/w)^2 \right] \quad ,$$

der bei $\rho = a$ den Wert $0,54 \; A_1$ und an der Stelle $\rho_5 = 2,48$ a den
Wert $0,022$ annimmt. Während im äußeren Bereich bei verschwindend kleiner
Feldstärke die Approximation nicht so gut ist, erhält man im interessie-
renden Kernbereich nur eine geringfügige Abweichung vom exakten Wert
$0,48 \; A_1$.

Aufgabe 3.12

Die Laufzeitänderung entnehmen wir mit $P_{oo} = 0$ Gleichung (3.49). Da Kern
und Mantel gleiche Materialdispersion aufweisen, können wir schreiben

$$\frac{d\tau}{L \, df} = M_{1,2} + \frac{N_1 \, \Delta_n}{c_o \, f_{o1,2}} \; G(V) \quad .$$

Dabei stehen hier die Indizes 1,2 bei M nicht für den Kern- und Mantelbereich, sondern für die beiden Wellenlängen. Der zweite Summand stellt
den Wellenleiteranteil dar, den wir hier kurz $W_{1,2}$ nennen. Mit $G(2) = 0,46$
aus Bild 26, sowie $f_{o1} = 353$ THz und $f_{o2} = 250$ THz lautet der Wellenleiteranteil bei den entsprechenden Wellenlängen

$$W_{1,2} = \frac{N_1 \, \Delta_n}{c_o \, f_{o1,2}} \; G(V) = \begin{cases} 52,1 \; \dfrac{ps}{THz \; km} & \text{bei } \lambda_{o1} \\[2ex] 73,6 \; \dfrac{ps}{THz \; km} & \text{bei } \lambda_{o2} \end{cases} \quad .$$

Addiert man hierzu nach obiger Formel die Materialdispersionsanteile $M_{1,2}$,
folgt

$$\frac{1}{L} \frac{d\tau}{df} = \begin{cases} 0,352 \text{ ns/THz km} & \text{bei } \lambda_{o1} \\[2ex] 0,104 \text{ ns/THz km} & \text{bei } \lambda_{o2} \end{cases} \quad .$$

Die Ausgangsimpulsbreite nach (3.53) lautet, wenn man die Modulationsbandbreite $2/\pi T_1$ gegenüber $B_e = 1$ THz vernachlässigt,

$$T_2 = \sqrt{T_1^2 + (\frac{d\tau}{df} \cdot B_e)^2} = \begin{cases} 11 \text{ ns} & \text{bei } \lambda_{o1} \\ \\ 4,3 \text{ ns} & \text{bei } \lambda_{o2} \end{cases} .$$

Eine Verbreiterung auf $1,5\ T_1$ erfolgt gerade, wenn

$$T_2 = \frac{1}{\sqrt{1,25}} \left. \frac{d\tau}{df} \right|_{\lambda_{o2}} B_e = 2,8 \text{ ns}$$

ist. Die Kurvenform ist mit T_2 als $1/e$-Breite gaußförmig.

Aufgabe 3.13

Mit $Q^2 = x_u^2 - x^2$, wobei $x_u^2 = 2E_m/hf$ ist, lautet die Differentialgleichung
des harmonischen Oszillators

$$\frac{d^2 y}{dx^2} + Q^2 y(x) = 0 .$$

Dabei ist x_u der Umkehrpunkt, für den die Bedingung $Q^2(x_u) = 0$ gilt. Das
Phasenintegral lautet mit $\xi = x/x_u$ sowie $\xi_{1,2} = \mp 1$ als normierte Umkehrpunkte

$$(m + \frac{1}{2})\pi = \int_{x_1}^{x_2} Q\ dx = x_u^2 \int_{\xi_1}^{\xi_2} \sqrt{1 - \xi^2}\ d\xi = x_u^2 \frac{\pi}{2} ,$$
$$(m = 0,1,2 \ldots)$$

so daß in Übereinstimmung mit dem exakten Ergebnis die Energieeigenwerte
E_m durch

$$\frac{x_u^2}{2} = \frac{E_m}{hf} = (m + \frac{1}{2})$$

gegeben sind.

Aufgabe 3.14

Es gilt nach (3.66) im oszillierenden Bereich mit $Q = x_u \sqrt{1 - \xi^2}$
und den übrigen Bezeichnungen
nach Aufgabe 3.13

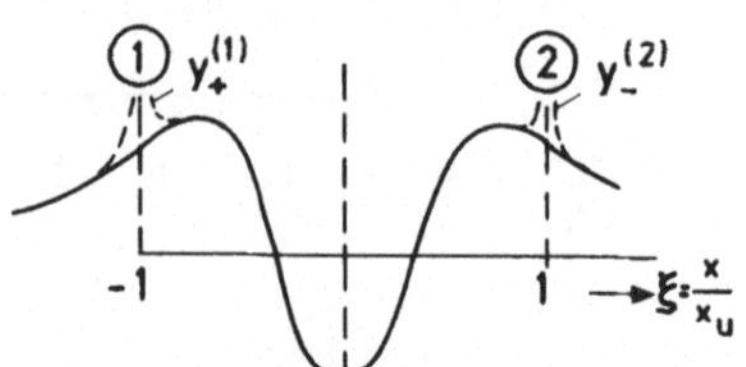

Bild A 4 WKB-Lösungsfunktionen des harmonischen Oszillators (m = 2)

$$y_+^{(1)} = \frac{2 A_1}{\sqrt{x_u \sqrt{1 - \xi^2}}} \cos\left(\tilde{u} - \frac{\pi}{4} \right)$$

mit

$$\tilde{u}(\xi) = \int_{x_1}^{x} Q \, dx = x_u^2 \int_{-1}^{\xi} \sqrt{1 - \xi^2} \, d\xi = \frac{x_u^2}{2} \left[\frac{\pi}{2} + \xi \sqrt{1 - \xi^2} + \arcsin \xi \right].$$

Da für die exakte Lösung $y(0) = -2$ gilt, lautet für $m = 2$ mit $x_u^2 = 5$ und
$\tilde{u}(0) = 5\pi/4$ die Konstante $A_1 = x_u$, so daß die WKB-Näherung für diesen Fall
die Form

$$y_+^{(1)} = \frac{2}{\sqrt[4]{1 - \xi^2}} \cos\left[\pi + \frac{5}{2} \left(\xi \sqrt{1 - \xi^2} + \arcsin \xi \right) \right]$$

annimmt. In Übereinstimmung mit der Skizze nach Bild A4 ergibt sich wegen $y_+^{(1)}(\xi) = y_+^{(2)}(-\xi)$ eine gerade Funktion bezüglich der Stelle $\xi = 0$.

Im abfallenden Bereich wird

$$y_-^{(2)} = \frac{A_1}{\sqrt{x_u \sqrt{\xi^2 - 1}}} \exp\left(- |\tilde{u}| \right)$$

mit

$$|\tilde{u}|(\xi) = x_u^2 \int_{1}^{\xi} \sqrt{\xi^2 - 1} \, d\xi = \frac{x_u^2}{2} \left[\xi \sqrt{\xi^2 - 1} - \ln\left(\xi + \sqrt{\xi^2 - 1} \right) \right]$$

und damit lautet die Lösung

$$y_-^{(2)} = \frac{1}{\sqrt[4]{\xi^2 - 1}} \exp\left[- \frac{5}{2} \left[\xi \sqrt{\xi^2 - 1} - \ln\left(\xi + \sqrt{\xi^2 - 1} \right) \right] \right].$$

Die exakte Lösung schreiben wir nun zum Vergleich für m = 2 als Funktion
von ξ :

$$y \;=\; (\, 4x^2 - 2 \,)\, e^{-x^2/2} \;=\; 2\,(\, 10\xi^2 - 1 \,)\, e^{-\frac{5}{2}\xi^2} \;.$$

Bild A5 zeigt den relativen
Fehler

$$\frac{|y_{WKB} - y|}{y}$$

als Funktion der normierten
Variablen $\xi = x/x_u$. Ganz in der
Nähe und direkt am Umkehrpunkt
ist der relative Fehler recht
groß beziehungsweise unendlich
groß. In hinreichender Ent -
fernung erhält man eine zumindest in einigen Bereichen
akzeptable Approximation.

Man kann aber zusammenfassend
doch feststellen, daß die WKB-
Methode die exakten Funktionen
nicht zufriedenstellend an-

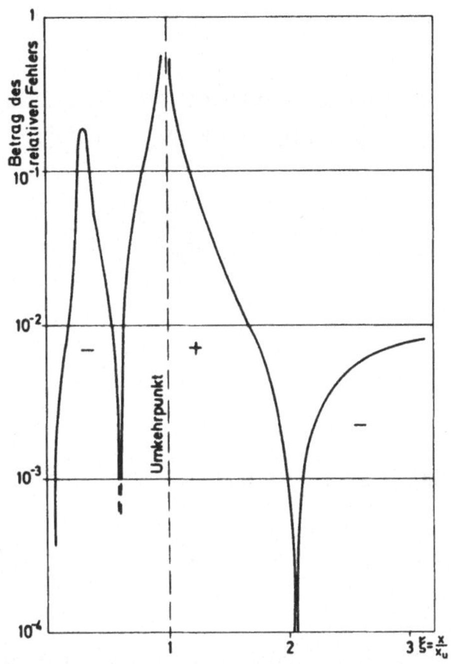

Bild A 5 Relativer Fehler der WKB-Lösungsfunktionen
(+: positiver Fehler; −: negativer Fehler)

nähert, während sie in Verbindung mit dem Phasenintegral offensichtlich
die entsprechenden Eigenwerte gut wiedergibt. Tatsächlich benötigt man für
die Berechnung der Eigenwerte nicht unbedingt die ganz exakten Eigenfunktionen , sofern man sich mit einer Näherung für den Eigenwert begnügt.
Wie das Phasenintegral zeigt, ergibt sich der Eigenwert hier als ein
integraler Ausdruck. Dies gilt ganz allgemein, wobei als Integrand der
Faktor Q(x) und die Eigenfunktionen y(x) auftauchen. Dabei spielt nun ein
gewisser Fehler in diesen Funktionen y(x) nicht so eine große Rolle, weil
sich bei der Integration die Fehler durch Mittelung in erster Näherung
aufheben.

Aufgabe 3.15

Das optimale Profil bestimmt man mit $\xi = \rho/a$ aus (3.86):

$$F_o(\xi) = 2\,\Delta_n \cdot \exp\left| \int_1^{\xi} \frac{D_o(2 - P_o(\xi')) - 2}{\xi'}\, d\xi' \right| .$$

Der Integrand im Exponenten lautet, wenn man für $P_o(\xi)$ die Potenzreihe einsetzt und wie in (3.88) $\alpha = D_o(2 - P_{oo}) - 2$ einführt,

$$\int_1^{\xi} \frac{\alpha}{\xi'}\, d\xi' - D_o \int_1^{\xi} (P_{o1} + P_{o2}\xi' + P_{o3}\xi'^2 + \ldots)\, d\xi' =$$

$$\alpha \ln\xi + D_o \left[P_{o1}(1-\xi) + \frac{1}{2} P_{o2}(1-\xi^2) + \frac{1}{3} P_{o3}(1-\xi^3) + \ldots \right] ,$$

so daß das Profil nun die optimale Form

$$F_o(\xi) = 2\,\Delta_n\,\xi^{\alpha} \cdot \exp\left[D_o \left[P_{o1}(1-\xi) + \frac{1}{2} P_{o2}(1-\xi^2) + \ldots \right] \right]$$

annimmt. Der Exponentialfaktor gibt in dieser Gleichung die Korrektur gegenüber dem Fall ortsunabhängiger Profildispersion mit $P_{o1,2\ldots} = 0$ an. Im übrigen gilt für dieses Profil wieder die minimale Laufzeitstreuung nach Gleichung (3.84).

Aufgabe 3.16

In hinreichender Entfernung vom optimalen Profil lautet die Laufzeitstreuung mit $P_{oo} = 0$

$$\Delta\tau_s = \Delta_n \tau_o\, \frac{|\alpha - 2|}{\alpha + 2} = \Delta_n \tau_o \cdot \begin{cases} 0{,}053 & (\ \alpha = 1{,}8\ ) \\[2mm] 0{,}091 & (\ \alpha = 2{,}4\ ) \end{cases} .$$

Mit $\Delta_n = \frac{1}{2}(NA/n_1)^2$, wobei $n_1 \approx 1{,}5$ ist, folgt für $NA = 0{,}2$ der Wert $\Delta_n = 0{,}0089$, so daß bei einer Grundlaufzeit von 10 µs über 2 km im ungünstigsten Fall α = 2,4 eine Laufzeitstreuung von 8,1 ns entsteht.

Aufgabe 3.17

Es gilt
$$\alpha_{opt} \; = \; 2 \, - \, 2 \, (\Delta_n + P_{oo}) \; + \; \Delta_n \, P_{oo} \; ,$$

woraus für Δ_n = 0,0089 nach Aufgabe 3.16 ein Exponent α_{opt} = 2,18 folgt.

Aufgabe 3.18

Nach Gleichung (3.93) berechnen wir mit Δ_n aus Aufgabe 3.16 und $|\delta|$ = 0,5%
eine Erhöhung der Laufzeitstreuung um den Faktor 4,5. Die absolute Laufzeitstreuung beträgt dann mit τ_o = 20 µs

$$\Delta\tau_s \; = \; 4,5 \, \frac{\Delta_n^2}{8} \, \tau_o \; = \; 0,9 \text{ ns} \; .$$

Aufgabe 3.19

Die Entwicklung der Laufzeitformel (3.79) liefert für B << 1 unter Berücksichtigung von Gliedern in B^2

$$\tau \; = \; \tau_o \left[1 \, + \, B \, (\frac{1}{2} - \frac{1}{D}) \, + \, B^2 \, (\frac{3}{8} - \frac{1}{2D}) \, + \, \dots \right] \; ,$$

wobei mit $D = D_o$ nach (3.88)

$$\frac{1}{D} \; = \; \frac{2 - P_{oo}}{2 + \alpha}$$

gilt. Setzt man 1/D ein, folgt mit x = B/2

$$\tau \; = \; \tau_o \, (1 + ax + bx^2) \quad \text{mit} \qquad a \; = \; \frac{\alpha - 2(1-P_{oo})}{\alpha + 2}$$

$$b \; = \; \frac{3\alpha - 2 + 4P_{oo}}{2(2 + \alpha)} \; .$$

Wegen $0 < B < 2\,\Delta_n$ liegt x innerhalb $0 < x < \Delta_n$, und wir können den Streubereich nun festlegen. Dazu betrachten wir die Werte, die die Funktion $f(x) = ax + bx^2$ innerhalb $0 < x < \Delta_n$ annehmen kann und bestimmen $f_{max} - f_{min}$. Die Laufzeitstreuung beträgt dann

$$\Delta\tau_s \;=\; \tau_0\,(\,f_{max} - f_{min}\,)\;.$$

Die Parabel $f(x)$ hat die Nullstellen

$$x_{o1} \;=\; 0 \quad\text{und}\quad x_{o2} \;=\; -\frac{a}{b} \;=\; 2\,\frac{2(1-P_{oo}) - \alpha}{3\alpha - 2 + 4P_{oo}}\;,$$

sowie einen Extremwert f_m bei

$$x_m \;=\; x_{o2}/2 \quad\text{mit}\quad f_m \;=\; -\frac{a^2}{4b}\;.$$

Die Laufzeitstreuung ist für gegebenes α, P_{oo} und somit gegebenes a, b, x_{o2} durch Fallunterscheidung zu bestimmen:

a) $\underline{\quad 0 \le x_{o2} \le \Delta_n \quad}$

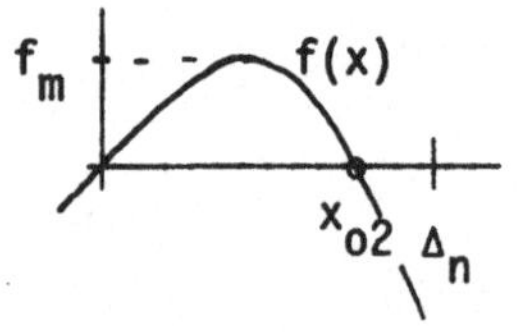

$$\Delta f \;=\; f_{max} - f_{min} \;=\; |f_m| + |f(\Delta_n)|$$

$$\Delta\tau_s \;=\; \tau_0\left|\,\frac{a^2}{4|b|} + |a\,\Delta_n + b\,\Delta_n^2|\,\right|$$

b) $\underline{\quad x_{o2} \ge \Delta_n \quad}$

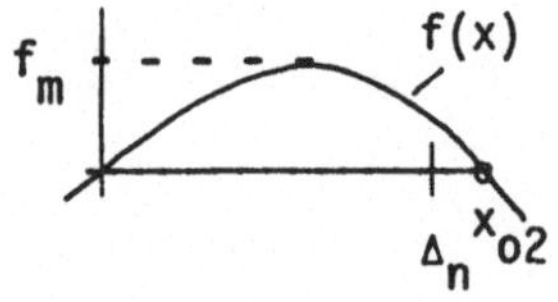

$$\Delta f \;=\; f_{max} - f_{min} \;=\; |f_m|$$

$$\Delta\tau_s \;=\; \tau_0\,\frac{a^2}{4|b|}$$

c) $\underline{\quad x_{o2} \le 0 \quad}$

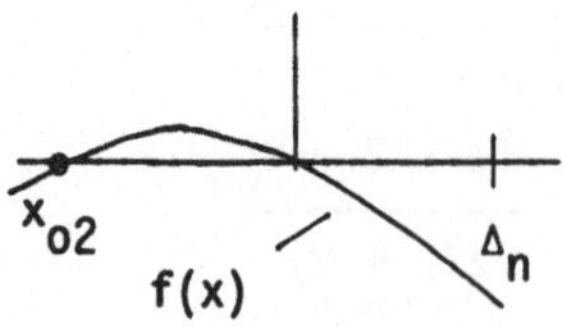

$$\Delta f \;=\; f_{max} - f_{min} \;=\; |f(\Delta_n)|$$

$$\Delta\tau_s \;=\; \tau_0\,|\,a\,\Delta_n + b\,\Delta_n^2\,|$$

Aufgabe 3.20

Für ein Potenzprofil mit $\alpha = 2$ oder $\alpha = \infty$ ist bei einem sehr schmalen Eingangsimpuls und ohne Berücksichtigung von Materialdispersion der Impuls am Ausgang rechteckförmig und hat die Breite $\Delta\tau_s$, die mit den Formeln aus Aufgabe 3.19 bestimmt werden kann.

Mit den dortigen Bezeichnungen sowie $P_{oo} = 0$ und $\alpha = 2$ ist $a = 0$ und $b = 1/2$, so daß $x_{o2} = 0$ wird. Damit ergibt sich eine Laufzeitstreuung $\Delta\tau_s = \tau_o \, b \, \Delta_n^2$, also

$$\Delta\tau_s \quad = \quad \tau_o \, \Delta_n^2 \, /2 \qquad \text{(Gradientenfaser mit } \alpha = 2) \quad .$$

Für $\alpha \to \infty$ gilt $a = 1$ und $b = 3/2$ und für die Laufzeitstreuung unter Vernachlässigung von Gliedern in Δ_n^2

$$\Delta\tau_s \quad = \quad \tau_o \, \Delta_n \qquad \text{(Stufenprofilfaser, } \alpha \to \infty) \quad .$$

Mit $\Delta_n = \frac{1}{2} \, (NA/n_1)^2 = 0{,}0128$ beträgt die Laufzeitstreuung $\Delta\tau_s$ bei der Stufenprofilfaser 64 ns und bei der Gradientenfaser mit $\alpha = 2$ nur 0,41 ns.

Die Materialdispersion beträgt nach (3.26)

$$\Delta\tau_M \quad = \quad B_e \, L \, M \quad = \quad 2{,}4 \text{ ns} \quad .$$

Nach (3.95) läßt sich die Breite der Impulsantwort mit $T_1 = 0$ abschätzen. Es gilt dann

$$T_2 \quad = \sqrt{\Delta\tau_M^2 \; + \; \Delta\tau_s^2} \quad = \begin{cases} 64{,}04 \text{ ns} & (\alpha \to \infty) \\[2ex] 2{,}43 \text{ ns} & (\alpha = 2) \end{cases} \quad .$$

Bei der Stufenprofilfaser dominiert die Laufzeitstreuung und bestimmt die Rechteckimpulsform. Der Impuls hat die Breite $T_2 \simeq \Delta\tau_s$. Im Falle der Gradientenfaser schreibt die Materialdispersion die Impulsform vor, die in Anlehnung an das Emissionsspektrum gaußförmig verläuft. Die 1/e -Ausgangsimpulsbreite wird einfach $T_2 \simeq \Delta\tau_M$.

Aufgabe 3.21

Die Laufzeitstreuung der vorherigen Aufgabe bleibt unverändert, weil wir
annehmen, daß der Halbleiterlaser ebenso wie die LED alle Wellen gleichmäßig anregt. Die Materialdispersion ändert sich aber auf

$$\Delta\tau_M \;=\; B_e \, L \, M \;=\; \begin{cases} 0{,}3 \text{ ns} & \text{Fall a)} \\ 30 \text{ ps} & \text{Fall b)} \end{cases} \quad .$$

In Verbindung mit der Laufzeitstreuung nach Aufgabe 3.20 ergeben sich nun
folgende Zahlenwerte:

$$T_2 \;=\; \sqrt{\Delta\tau_M^2 \;+\; \Delta\tau_s^2} \;=\; \begin{cases} \underline{\alpha \to \infty}: & 64 \text{ ns} & \text{(beide Fälle)} \\ \underline{\alpha = 2}: & 0{,}51 \text{ ns} & (B_e = 1 \text{ THz}) \\ & 0{,}41 \text{ ns} & (B_e = 0{,}1 \text{ THz}) \end{cases}$$

Bei der Stufenprofilfaser dominiert wieder die Laufzeitstreuung, ebenso
aber auch bei der Gradientenfaser mit $\alpha = 2$, wenn die Emissionsbandbreite
nur noch 0,1 THz beträgt. Die Impulsantwort ändert sich gegenüber Aufgabe 3.20 nur bei der Gradientenfaser. Bei dominierender Laufzeitstreuung
im Fall b) ergibt sich dann ein Rechteckimpuls der Breite $\Delta\tau_s = 0{,}41$ ns.
Wenn wie im Fall a) beide Effekte maßgeblich beitragen, läßt sich nach den
vorliegenden Gleichungen die Breite nur noch durch quadratische Mittelung
abschätzen. Prinzipiell könnte man für die Sonderfälle $\alpha = 2, \infty$ die Impulsantwort durch Aufsummation von Gaußimpulsen bestimmen. Für die Praxis ist
obige Abschätzung aber meist ausreichend.

Zu dem Begriff der Laufzeitstreuung soll an dieser Stelle noch einmal ein
Hinweis gegeben werden. Grundsätzlich ist zu unterscheiden zwischen der
Streuung der Laufzeiten, wie sie möglich ist, wenn alle ausbreitungs -
fähigen Wellen vorkommen und der tatsächlich auftretenden Streuung. Unsere Formeln gelten ausschließlich für die mögliche Streuung; diese tritt
dann tatsächlich auf, wenn wir wie üblich annehmen, daß alle Wellen angeregt werden. Damit erfassen wir den ungünstigsten Fall.

Aufgabe 3.22

Im Bereich $L \ll L_c$ gilt $\Delta\tau_s$, $\Delta\tau_M \sim L$ und man erhält

$$T_2 = \sqrt{T_1^2 + \Delta\tau_s^2 + \Delta\tau_M^2} = \sqrt{T_1^2 + \gamma^2 L^2}$$

mit

$$\gamma^2 = M^2 B_e^2 + (\Delta\tau_s/L)^2 = \begin{cases} M^2 B_e^2 + \left[\dfrac{\tau_0}{L}\Delta_n\right]^2 & (\alpha = \infty) \\[4mm] M^2 B_e^2 + \left[\dfrac{\tau_0}{L}\dfrac{\Delta_n^2}{2}\right]^2 & (\alpha = 2) \end{cases}$$

Mit den angegebenen Werten wird mit $\tau_0/L = N/c_0 = 5$ µs/km

$$\gamma = \begin{cases} 64 \ \text{ns/km} & \alpha = \infty \ , & \text{alle } B_e \\ 2,43 \ \text{ns/km} & \alpha = 2 \ , & B_e = 8 \ \text{THz} \\ 0,51 \ \text{ns/km} & & B_e = 1 \ \text{THz} \\ 0,41 \ \text{ns/km} & & B_e \leq 0,1 \ \text{THz} \end{cases}$$

Im Bereich $L \gg L_c$ wenden wir in dem Ausdruck für die Laufzeitstreuung die Substitution $L \to \sqrt{L L_c}$ an. Für die Stufenprofilfaser erhalten wir beispielsweise dann die Laufzeitstreuung $\Delta_n \cdot N \sqrt{L \cdot L_c}/c_0$, bei der Gradientenfaser ist nur Δ_n durch $\Delta_n^2/2$ zu ersetzen. Im übrigen ändert sich bei der Materialdispersion nichts. Wir können dann $T_2(L)$ folgendermaßen schreiben:

$$T_2 = \sqrt{T_1^2 + c L + d L^2}$$

mit

$$c = \begin{cases} \left(\dfrac{N}{c_0}\right)^2 L_c \cdot \Delta_n^2 = 90,5^2 \dfrac{\text{ns}^2}{\text{km}} & (\alpha=\infty) \\[4mm] \left(\dfrac{N}{c_0}\right)^2 L_c \ (\Delta_n^2/2)^2 = 0,58^2 \dfrac{\text{ns}^2}{\text{km}} & (\alpha=2) \end{cases} \ , \quad d = M^2 B_e^2 = \begin{cases} 2,4^2 \ \dfrac{\text{ns}^2}{\text{km}^2} & (8 \ \text{THz}) \\ 0,3^2 \ .. & (1 \ \text{THz}) \\ 0,03^2 \ .. & (0,1 \text{THz}) \\ 0 & (0 \ \text{THz}) \end{cases}$$

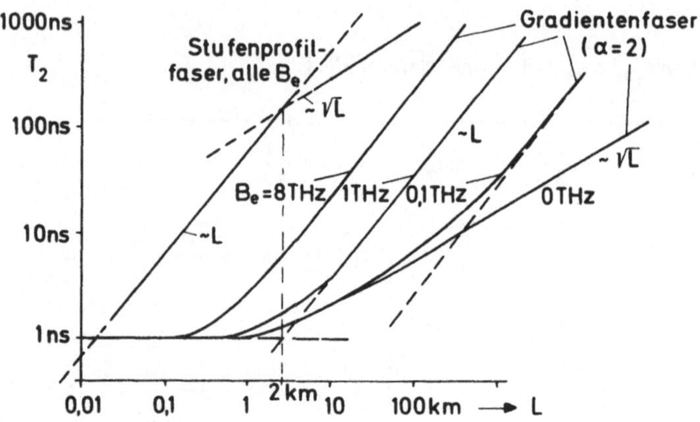

Bild A 6   Ausgangsimpulsbreite bei Berücksichtigung von Eigenwellenmischung (T_1 = 1 ns)

Bild A6 zeigt die Verläufe der Ausgangsimpulsbreite T_2 als Funktion der Kabellänge L. Bei der Stufenprofilfaser bestimmt für alle Emissionsbandbreiten die Laufzeitstreuung das Verhalten. Oberhalb L = L_c steigt wegen der Eigenwellenumwandlungen die Pulsbreite nur noch $\sim \sqrt{L}$ an. Die Gradientenfaser mit LED (B_e = 8 THz) zeigt wegen der dominierenden Materialdispersion bei hinreichend großer Länge einen linearen Anstieg $\sim$ L. Bei kleiner werdender Emissionsbandbreite B_e nimmt der Einfluß der Materialdispersion stetig ab, bis schließlich die Laufzeitstreuung überwiegt und für B_e = 0 oberhalb L = L_c wegen Eigenwellenmischung nur noch $\sim \sqrt{L}$ anwächst. Bei technisch nicht nutzbaren Längen führt die Materialdispersion im Falle kleiner Emissionsbandbreiten (Halbleiterlaser) immer zu einem linearen Anstieg $\sim$ L.

Die Gradientenfaser mit α = 2 stellt einen von der praktischen Seite gesehen etwas idealisierten Fall dar, denn das Brechzahlprofil weicht oft vom quadratischen oder gar optimalen Profil ab. Dann erhöht sich die Laufzeitstreuung deutlich. Dieser Fall wird in der folgenden Aufgabe behandelt.

Aufgabe 3.23

Für ein Potenzprofil mit $\alpha = 2{,}45$ und $P_{oo} = 0$ lautet die Laufzeitstreuung nach (3.94)

$$\Delta\tau_s = \Delta_n \frac{|\alpha - 2|}{\alpha + 2} \tau_0 = 0{,}1\ \Delta_n\ \tau_0\ ,$$

und man erhält mit den Bezeichnungen der Aufgabe 3.22 für $L \ll L_c$

$$T_2 = \sqrt{T_1^2 + \gamma^2 L^2}$$

mit

$$\gamma = \sqrt{M^2 B_e^2 + \left(\frac{N}{c_0} \frac{\Delta_n}{10} \right)^2} = \begin{cases} 5{,}37\ \dfrac{ns}{km} & (B_e = 10\ \text{THz}) \\[2ex] 4{,}45\ \dfrac{ns}{km} & (B_e = 0) \end{cases}$$

und für den Bereich $L \gg L_c$

$$T_2 = \sqrt{T_1^2 + c\,L + d\,L^2}$$

mit

$$c = \left(\frac{N}{c_0} \right)^2 L_c \left(\frac{\Delta_n}{10} \right)^2 = 6{,}29^2\ \frac{ns^2}{km}$$

und

$$d = M^2 B_e^2 = \begin{cases} 3^2\ (ns/km)^2 & (B_e = 10\ \text{THz}) \\[2ex] 0 & (B_e = 0) \end{cases} .$$

Bei LED ($B_e = 10$ THz) dominiert bei größeren Entfernungen die Materialdispersion, denn wegen der Eigenwellenumwandlungen trägt die Laufzeitstreuung $\Delta\tau_s \sim \sqrt{L}$ immer weniger bei. Der Fall $B_e = 0$ gibt den alleinigen Einfluß der Laufzeitstreuung wieder, die oberhalb $L = L_c$ nur noch $\sim\sqrt{L}$ zunimmt.

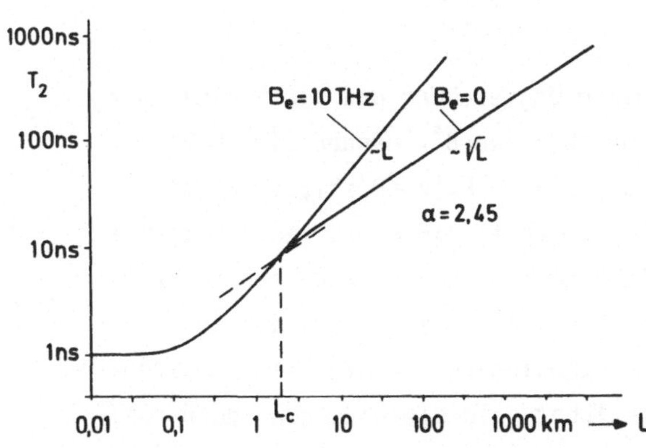

Bild A 7 Ausgangsimpuls mit Eigenwellenmischung ($T_1 = 1$ ns)

Aufgabe 3.24

Mit $B' = B/2\Delta_n$ ergeben sich die Umkehrpunkte nach (3.101) aus

$$(\rho/a)^2_{1,2} = \frac{B'}{2} \pm \sqrt{B'^2/4 - (\ell/V)^2} \quad .$$

Für gegebene Umfangsordnung ℓ muß B' einen Mindestwert annehmen, damit sich aus strahlenoptischer Sicht reelle Umkehrpunkte ergeben. Es wird daher

$$B' \geq 2\,\ell/V$$

gefordert, wobei das Gleichheitszeichen den Fall zusammenfallender Umkehrpunkte erfaßt.

Eine weitere Bedingung ergibt die Vorstellung, daß der Lichtstrahl innerhalb des Kernbereiches entsprechend

$$(\rho/a)^2_{1,2} \leq 1$$

umkehrt. In Verbindung mit der ersten Gleichung können wir nun eine zweite Bedingung formulieren:

$$\pm \sqrt{B'^2/4 - (\ell/V)^2} \leq 1 - B'/2 \quad \text{oder} \quad B' \leq 1 + \frac{\ell^2}{V^2} \quad .$$

Diese Ungleichung und die Ungleichung von oben für B' spannen eine Fläche auf, die in Bild A8 skizziert ist. Man erkennt, daß die strahlenoptische Bedingung nach Umkehrpunkten innerhalb $0 \leq \rho \leq a$ zu einer ganz anderen Grenzbedingung für die Phasenkonstante führt als die Bedingung nach reellen Argumenten der Zylinderfunktionen, woraus $n_2 \leq \beta/k_{oo} \leq n_1$ beziehungsweise

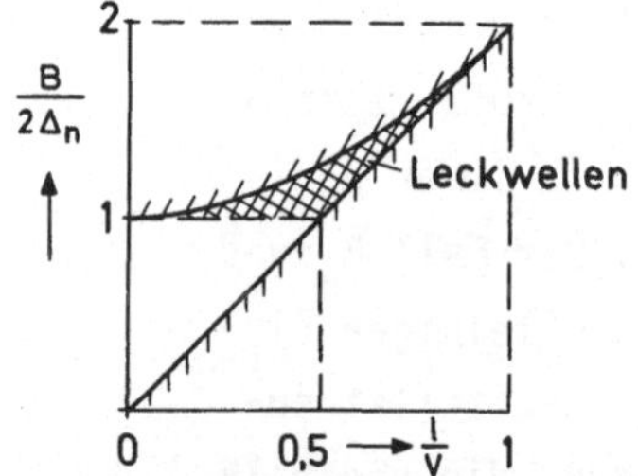

Bild A 8 Erlaubter Wertebereich der normierten Phasenkonstanten B und der Umfangsordnung ℓ

$1 \geq B /2\Delta_n \geq 0$ folgt. Bei einem Exponenten $\alpha = 2$ des Potenzprofils liefert die geometrisch-optische Betrachtung erst eine Grenze bei $B = 4 \Delta_n$. Die maximale Umfangsordnung ist dann durch $\ell_{max} = V$ gegeben, während im anderen Fall $\ell/V = 1/2$ die Grenze war. Die hinzugekommenen Wellen im schraffierten Feld mit Werten $B' > 1$ nennt man Leckwellen. Zu einer physikalisch sinnvolleren Begrenzung kommt man erst dann, wenn die unterschiedliche Dämpfung der Wellen berücksichtigt wird.

Aufgabe 3.25

Nach (3.97) lautet die maximale Umfangsordnung mit $k_0(\rho_0) = k_{00} \, n(\rho_0)$ und $\sin\varphi_{max} = 1$

$$\ell_{max} = \rho_0 \, k_{00} \, n(\rho_0) \, \sin\theta_{max}$$

oder, wenn man die Brechung an der Faserstirnfläche entsprechend $\sin\gamma = n(\rho_0)\cdot\sin\theta$ berücksichtigt, mit $\gamma = \gamma_{max} = 8^O$ und $\rho_0 = 5 \ \mu m$

$$\ell_{max} = \rho_0 \, k_{00} \, \sin\gamma_{max} = \frac{\rho_0}{\lambda_0} \, 2\pi \, \sin\gamma_{max} = 5{,}5 \ .$$

Da keine Diskretisierung berücksichtigt wurde, erhalten wir auch keinen ganzzahligen Wert der Umfangsordnung, die demnach bei $\ell = 5$ oder $\ell = 6$ liegt. Dieser relativ kleine Wert ergibt sich daraus, daß die Lichtquelle beinahe wie eine Punktquelle bei $\rho_0 = 0$ strahlt und bevorzugt Meridionalstrahlen anregt. Die radiale Ordnung ist viel größer, denn mit $\sin 8^O = 0{,}14$ leuchtet die Quelle die numerische Apertur der Faser weit aus.

Es ist nun falsch zu folgern, daß man beim Halbleiterlaser in guter Näherung mit Meridionalstrahlen oder EP_{0p}-Wellen rechnen kann. Diese Wellen werden zwar am Kabelanfang hauptsächlich angeregt, allerdings wird jeder Glasfaserstecker mit seinem transversalen Versatz und seiner Streuung auf der Stirnfläche der Faserenden für eine sehr stark veränderte Eigenwellenverteilung sorgen, so daß schließlich doch wieder alle Wellen auftreten.

Aufgabe 3.26

Für den Eintritts- und Austrittswinkel $\gamma_{1,2}$ gilt

$$\frac{a_2}{a_1} = \frac{\sin\gamma_1}{\sin\gamma_2} \quad ,$$

woraus mit $\sin\gamma_2 = 0,8$ NA und $\sin\gamma_1 = 0,64$ ein Verhältnis $a_2/a_1 = 4$ folgt. Wenn man den Eintrittsdurchmesser zu $2a_1 = 14$ µm und den Austrittsdurchmesser zu $8a_1 = 56$ µm wählt, bleiben auf der Laserseite und auf der Faserseite jeweils ±2 µm Toleranz für eventuelle Fehljustierung.

Aufgabe 3.27

Mit $\eta = NA^2/2$ bei einer Leuchtfläche, die gleich der Kernfläche ist, erhält man einen Einkoppelwirkungsgrad $\eta = 2\%$ und Einkoppelverluste

$$a_E = 10 \log \frac{1}{0,02} = 17 \text{ dB} .$$

Einschließlich der Kabeldämpfung ergeben sich 32 dB Streckendämpfung. Bei einer abgestrahlten Leistung von 0 dBm empfängt man - 32 dBm entsprechend 0,63 µW.

Aufgabe 3.28

Die Einkoppelverluste betragen nur

$$a_E = 10 \log \frac{1}{0,6} = 2,2 \text{ dB} ,$$

so daß sich hieraus ein Gewinn gegenüber LED von 14,8 dB ergibt. Die abgestrahlte Leistung ist um 5 dB größer. Der Pegel steigt nun um 19,8 dB, und man kann das Kabel um 6,6 km verlängern.

Literaturhinweise

Über das Gebiet der Lichtwellenleiter sind bislang einige tausend
Originalarbeiten innerhalb eines Zeitraumes von etwa 15 Jahren entstanden.
Es existieren inzwischen auch einige Bücher, die sich aber eher an den
Spezialisten auf diesem Gebiet wenden als an den Studenten oder Ingenieur,
der sich in dieses neue Gebiet einarbeiten möchte. In deutscher Sprache
liegt bislang nur das unter /1/ aufgeführte Buch vor. Die anderen beiden
Bücher, die hier nun noch angegeben sind, stellen weiterführende Literatur dar und beinhalten zahlreiche Hinweise auf die wichtigsten Originalarbeiten. Während /2/ die Wellenausbreitung in dielektrischen Wellenleitern behandelt, umfaßt die Darstellung in /3/ unter Verzicht auf eine
ausführliche Untersuchung der Wellenausbreitung auch die Faser- und Kabel-
herstellung und einige Fragen der Systemtechnik.

/1/   Unger, H.-G.;   Optische Nachrichtentechnik
                          Eliteraverlag,Berlin (1976)

/2/   Unger, H.-G.;   Planar Optical Waveguides and Fibres
                          Clarendon Press, Oxford (1977)

/3/   Miller, S.E. und   Optical Fiber Telecommunications
      Chynoweth, A.G.   Academic Press, New York (1979)

Die Auswahl der hier in chronologischer Reihenfolge angeführten Bücher ist
allein unter dem Gesichtspunkt der Eignung für Studierende getroffen worden.

Verzeichnis der wichtigsten Formelzeichen

$2a$ Innendurchmesser bei Rundhohlleiter,
Kerndurchmesser bei Glasfaser

$\vec{dA}$ Flächenelement

$\vec{B}$ Induktion

B normierte Phasenkonstante vielwelliger Fasern

B_e Emissionsbandbreite

B_m Modulationsbandbreite

B_N normierte Phasenkonstante bei einwelliger Stufenprofilfaser

c Radienverhältnis bei Glasfaser

c_0 Lichtgeschwindigkeit im Vakuum

$\vec{D}$ dielektrische Verschiebungsdichte

$D_{(o)}$ Profilparameter bei vielwelligen Fasern

$\vec{E}$ elektrischer Feldstärkevektor

$\vec{\underline{E}}$ Phasor des elektrischen Feldes

$\vec{\underline{E}}_0$ transversaler Anteil von $\vec{\underline{E}}$

f Frequenz

f_c Grenzfrequenz

$F_{(o)}$ Profilfunktion (bei λ_0)

g charakteristischer Exponent der Strahlungscharakteristik

G normierte Änderung der Gruppengeschwindigkeit

$\vec{H}$ magnetischer Feldstärkevektor

$\vec{\underline{H}}$ Phasor des magnetischen Feldes

$\vec{\underline{H}}_0$ transversaler Anteil von $\vec{\underline{H}}$

$I(f)$ Emissionsspektrum

I_Ω Strahlungscharakteristik

J Besselfunktion

K modifizierte Hankelfunktion

k_0 Wellenzahl (Phasenkonstante) einer ebenen Welle

k_{00} Wellenzahl ebener Welle im Vakuum

$k_{1,2}$ Wellenzahlen für Kern und Mantel

$k_{x,y}$ Separationsparameter

k_ρ radiale Wellenzahl

ℓ Umfangsordnung bei Rundhohlleiter und EP-Wellen der Glasfaser

L Leitungslänge

m,n Ordnungen der Wellen im Rechteckhohlleiter

M Materialdispersionsfaktor 1.Ordnung

M' Materialdispersionsfaktor 2.Ordnung

$\underline{N}$ Normierungsfaktor der Wellen im Rechteckhohlleiter

n Brechzahl, Brechungsindex

$n_{1,2}$ Brechzahlen von Kern und Mantel

N Gruppenindex

NA numerische Apertur

p radiale Ordnung bei Rundhohlleiter und Glasfaser, Zahl der Schwingungsbäuche zwischen Umkehrpunkten

$P_{(o)}$ Profildispersion (bei λ_o)

P_{oo} ortsunabhängige Profildispersion

P_L abgestrahlte Leistung

P_F eingekoppelte Leistung

$Q_{w,\rho}$ Potentialfunktion bei WKB-Methode

r Reflexionsfaktor

$\vec{r}$ Ortsvektor

Re Realteil von

$R(\rho)$ Wellenfunktion für radiale Abhängigkeit

$\vec{S}$ komplexer Poyntingvektor

$\vec{S},\underline{\vec{S}}$ Stromdichtevektor, Phasor des Stromdichtevektors

T Periodendauer

$T_{1,2}$ Eingangs- und Ausgangsimpulsbreiten

t Zeitvariable

U Separationsparameter bei Stufenprofilfaser

v Phasengeschwindigkeit

v_g Gruppengeschwindigkeit

v_N normierte Gruppengeschwindigkeit

V normierte Frequenz bei Glasfaser

w transformierte Variable, Fleckgröße

w_o Umkehrpunkt

W Separationsparameter bei Stufenprofilfaser

x,y,z kartesische Koordinaten

$x_{\ell p}^{(\prime)}$ p-te Nullstelle (der Ableitung) von J_ℓ

Z Wellenwiderstand

α Parameter des Potenzprofils

α_{mn} Dämpfung im Sperrbereich des Rechteckhohlleiters

α_d Dämpfung durch dielektrische Verluste

$\alpha_{\ell p}$ Dämpfung im Rundhohlleiter mit endlicher Wandleitfähigkeit

β Phasenkonstante

$\vec{\beta}$ Phasenvektor

γ Strahlwinkel zur Achse (außerhalb der Faser)

γ_c kritischer Winkel von Meridionalstrahlen außerhalb der Faser

$|\delta|$ relativer Fehler des Profilparameters D gegenüber D_{opt}

δ Brechzahlparameter bei mehrschichtigen Fasern

Δ Laplaceoperator

Δ_n relative Brechzahldifferenz zwischen Kern und Mantel

Δf effektive Emissionsbandbreite, Frequenzdifferenz

$\Delta\tau_M^{(')}$ Laufzeitdifferenz durch Materialdispersion

$\Delta\tau_s$ Laufzeitstreuung

$\varepsilon_{0,r}$ Influenzkonstante, relative Dielektrizitätszahl

η Anregungswirkungsgrad bei Glasfaser

θ Einfallswinkel, Strahlwinkel zur Achse innerhalb der Faser

θ_e halber Öffnungswinkel einwelliger Faser

θ_{1t} Grenzwinkel der Totalreflexion

θ_c kritischer Winkel von Meridionalstrahlen innerhalb d. Faser

$\lambda_{(o)}$ Wellenlänge (in Vakuum)

$\mu_{0,r}$ Induktionskonstante, relative Permeabilität

$\tilde{\mu}, |\tilde{\mu}|$ Phasenbeiträge bei WKB-Methode

ν Umfangsordnung der exakten Wellen der Stufenprofilfaser

ρ, φ, z Zylinderkoordinaten

$\rho_{1,2}$ Umkehrpunkte

σ Leitfähigkeit

$\tau_{(o)}$ Gruppenlaufzeit (entlang der Achse)

φ Phasenwinkel, Umfangswinkel

$\varphi_{x,y}$ halbe Öffnungswinkel bei Halbleiterlaser

$\phi(\varphi)$ Wellenfunktion für Umfangsabhängigkeit

ψ Neigungswinkel der elementaren ebenen Wellen zur Achse

ω Kreisfrequenz

Sachwortverzeichnis

Abbésche Sinusbedingung					113,164

Absorbtionsverluste						117

Airyfunktion							81

Anregung von Wellen						75,98,107ff

Anregungswirkungsgrad					108 ff,110,114,116,164

Ausbreitungskonstante	siehe Phasenkonstante

Ausbreitungswinkel d. Elementarwellen			28

Bahnverlauf des Lichtstrahls				46,104,106ff

Bandbreite
    Emissions -							72
    Modulations-						72

Besselfunktion						34,60,149

Besselsche Differentialgleichung				34,77

Braggbedingung						27

Brechungsgesetz						48,106

Brechzahl, Brechungsindex					44

    - differenz, relative					45,63

    - einbruch						123

    - oszillationen						123

    - profil, optimales (siehe				89ff,90
      auch Profilfunktion)

Brewsterwinkel						144

Charakteristische Gleichung				76

    - der Stufenprofilfaser					62

    - , vereinfachte						66

    - , Lösung der vereinfachten -				69

Dämpfung

    - , Glasfaser						70,116ff

    - , Rechteckhohlleiter					26

    - , Rundhohlleiter					39ff,142

    - , durch dielektr. Verluste				30,141

Dielektrizitätszahl					2,4,30,132

    - , Ortsabhängigkeit					78

Dispersion   8,53

     - , Hohlleiter   25ff

     - , Stufenprofilfaser   67ff

     - , Diagramme, Kurven   25,64,75

     - , Einflüsse bei Gradientenfaser   96ff

Dotierung des Quarzes   55,94,117

Ebene Welle   5ff,16

     - , lokale   101

Effektivwert   4,139

Eigenfunktion, Eigenwelle, Eigenwert   76

Eigenwellenumwandlungen   100,159ff

Einkoppelwirkungsgrad siehe Anregungswirkungsgrad

Einkopplung

     - , in Hohlleiter   40ff

     - , in Glasfaser   98,107ff

Einwelligkeit   46,58

Elementarwelle   27ff

Emissionsbandbreite   56,71

Emissionsspektrum   71

EP-Wellen   65,78

E-Wellen   15,18ff,36ff,64

Exponent, optimaler   91,92,95

Feldbilder   40

     - , Hohlleiter   24,38

     - , Glasfaser   66

Fourieranalyse   40

Frequenz, normierte   63,147

GaAs-Laser, GaAs-LED   56

Geometrische Optik   83,101ff

Gradientenfaser   46

Grenzfrequenz

     - , Rechteckhohlleiter   25,29

     - , Rundhohlleiter   37

     - , EP_{11}-Welle   119,148

Grenzwinkel der Totalreflexion   48
Grundlaufzeit   89,100
Grundwelle
    - , Glasfaser   64,66,78,149
    - , Rechteckhohlleiter   23
    - , Rundhohlleiter   38,66,78
Gruppengeschwindigkeit   8,25ff
Gruppenindex   53
Gruppenlaufzeit   8,53
    - , einwellige Faser   69
    - , vielwellige Faser   84ff,86,87
    - , Rechteckhohlleiter   25,29,139

Halbleiterlaser, LED   110,111
Hankelfunktion, modifizierte   34,60,149
harmonischer Oszillator   151
Hohlleiter   14ff,31ff
H-Wellen   15,21ff,37ff,64
H_{10}-Welle   23
H_{11}-Welle   38ff
hybride Wellen   15,64

Influenzkonstante, Induktionskonstante 1
Impulsantwort   157
Impulsbreite   72,99
Impulsformen   99
Impulsverbreiterung siehe Pulsverbreiterung

Kerndurchmesser   45
Kern-Mantel-Faser   45
Koaxialleitung   15,43
Kohärenzzeit   72
Kompensation der Dispersion   70,73
Konstruktive Interferenz   27
Koppellänge   100,159ff
kritischer Winkel   104ff

Lambertsche Strahlungscharakteristik	110
Laplaceoperator	3,32
Laufzeitänderung bei Glasfaser	67,73,150
Laufzeitstreuung	95,99,154,155ff,157ff
- , bei Stufenprofilfaser	75
- , minimale	88
- , bei Abweichungen vom optimalen Profil	92ff,94,155ff
Laufzeitunterschiede durch Materialdisp.	55ff,57,146
Leckwellenfaser, Verluste	121
Leistung	6
- , im Faserkern	68
Leitfähigkeit	14,30,144
Lichtgeschwindigkeit	7
Mantel	45
Materialdispersion	52,53ff,68ff,97,99,157ff
- , minimale	97,57
Materialdispersionsfaktor	
- , 1. Ordnung	55
- , 2. Ordnung	56
Maxwellsche Gleichungen	1,2,4
Meridionalstrahlen	104,108,163
Mikrokrümmungen	118
Modulation der Lichtwelle	8,55,57ff
Modulationsbandbreite	51,100
Multiplexbetrieb	93
Normierungsfaktor	20,22,138
Nullstellen der Besselfunktion	36,38
numerische Apertur	63,110
Öffnungswinkel einwelliger Faser	115
OH-Absorption	117
Ordnung einer Welle	19

Phase	47
Phasengeschwindigkeit	6
Phasenintegral	83,85,151ff
Phasenkonstante	
- , ebene Welle	6
- , Glasfaser	60,102,84ff
- , Rechteckhohlleiter	16ff,20,22,25ff,30,139
- , Rundhohlleiter	37
Phasenkonstante, normierte	
- , bei einwelliger Faser	67,71
- , bei vielwelliger Faser	85,87
Phasenvektor	47
Phasor	4
Photodetektor	99
Polarisation	
- , ebene Welle	6,11ff,134ff,144
- , Einfluß auf Reflexion	49ff
- , Rechteckhohlleiter	24,29
- , Glasfaser	65,78
Potenzprofil	90ff
- , optimales	92
Poyntingvektor	10,78,134,137,146
Pulsverzerrung	
- , einwellige Faser	71ff,73
- , vielwellige Faser	73,98ff
Punktquelle	109
Produktansatz	16,33
Profilbedingung	84ff,86
- dispersion	68ff,90ff,154
- funktion	85,90ff
Profilstörungen	
- , einwellige Faser	119ff
- , vielwellige Faser	122ff
Quasioptische Wellenausbreitung	27ff

Randbedingung   15,16,18,19,34,36,76
Randwertproblem   15
Rayleighverluste   116
Reflektor   112ff
Reflexion   29,46ff,141
Reflexionsfaktor   28,51
        - , bei ebenen Wellen   49ff,143
Rotationsoperator   2,35
Rundhohlleiter   31ff

Separationsbedingung   18,79,101
skalare Wellengleichung   16,78ff
Snellius   siehe Brechungsgesetz
Spektralverteilung   siehe Emissionsspektrum
Spiegel   43
stehende Welle   29,34,52
Stetigkeit   48,60ff
Störwellen   40,58
Stromverdrängung   30
Strahlungscharakteristik
        - , von LED   108
        - , von Halbleiterlaser   111
Stufenprofilfaser, Ausführungsformen   45,59ff,124

TE- und TM-Wellen   15,64
TEM-Welle   15,43,145
Totalreflexion   45,48,52,104ff,143
transversale Feldkomponenten   20,22,35ff

Umfangsordnung   37,60,65,102,163
Umkehrpunkt   81ff,103ff,151ff,162

Vielwellige Faser   44,58,76ff
Vielwellige Stufenprofilfaser   75ff
Vektordifferentialgleichung   16,78
      - wellengleichung   3
Vergütungsschicht   145

Wellengleichung   3,4,32,46,59
Wellenlänge   13,133
      - , im Hohlleiter   24
Wellenleiterdispersion   57,68ff,97
Wellenvektor (Phasenvektor)   101
Wellenwiderstand
      - , ebene Welle   9,23,134
      - , Glasfaser   147
      - , Rechteckhohlleiter   20,22,139,140
      - , Rundhohlleiter   39
Wellenzahl   46
W-Faser   120ff
WKB-Lösung   81,82,152ff
   -Methode   80ff,101

Zylinderkoordinaten   31,32

Berkeley Physik Kurs

Band 3: Schwingungen und Wellen

von Frank S. Crawford, Jr.

(Waves, dt.) (Aus d. Engl. übers. von F. Cap und Mitarbeitern.) Mit 141 Abb. und optischem Experimentiermaterial. 1974. XVI, 344 S. 21 X 28 cm (Berkeley Physik Kurs, Bd. 3). Gbd.

Inhalt: Freie Schwingungen einfacher Systeme — Freie Schwingungen von Systemen mit vielen Freiheitsgraden — Erzwungene Schwingungen — Laufende Wellen — Reflexion — Modulation, Impulse und Wellenpakete — Zwei- und dreidimensionale Wellen — Polarisation — Interferenz und Beugung — Ergänzungen — Anhang.

Dieser Band vermittelt das Verständnis grundlegender Begriffe der Wellenlehre und ihres wechselseitigen Zusammenhangs. Jeder dieser Begriffe wird nach seiner Einführung durch Anwendung auf viele verschiedene physikalische Systeme verdeutlicht und durch mindestens einen Heimversuch gefestigt. Die für die Heimversuche erforderliche optische Ausrüstung liegt dem Buch bei.